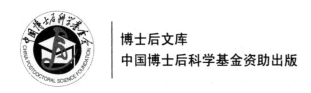

博士后文库
中国博士后科学基金资助出版

深部采动高水压底板突水灾变演化特征规律基础试验研究

孙文斌　著

U0351240

国家自然科学基金青年项目资助(51404146)
中国博士后科学基金项目资助(2015M572067)
山东省重点研发计划项目资助(2015GSF120016)
山东省博士后创新项目资助(152799)
青岛市博士后应用研究项目资助(2015203)
山东科技大学人才引进科研启动基金项目资助(2014RCJJ030)

科　学　出　版　社

北　京

内 容 简 介

本书系统论述我国煤系地层泥岩的物理力学性质及通过电化学和有机硅材料改性技术实现其工程特性强化的理论与方法。书中详细介绍煤系泥岩的典型工程危害及矿物学特征、表面性质与孔裂隙特征、力学性质、泥化与崩解及胀缩性等与工程特性密切相关的物理力学性质，系统阐述采用电化学和有机硅材料改性技术强化泥岩工程特性的研究思路及软岩巷道围岩的改性加固技术等。

本书内容丰富，资料翔实，是一部涉及软岩及其工程稳定性控制的专著，可以作为矿业工程、安全技术与工程、工程力学和岩土工程等专业的高年级本科生和研究生的高等岩石力学课程辅助教材，也可作为科研及矿山工程技术人员的参考书。

图书在版编目(CIP)数据

深部采动高水压底板突水灾变演化特征规律基础试验研究/孙文斌著.
—北京：科学出版社，2018

（博士后文库）

ISBN 978-7-03-056230-2

Ⅰ.①深… Ⅱ.①孙… Ⅲ.①矿井突水–矿井水灾–研究 Ⅳ.①TD745

中国版本图书馆CIP数据核字(2017)第323877号

责任编辑：李 雪 刘翠娜／责任校对：彭 涛
责任印制：师艳茹／封面设计：陈 敬

科学出版社 出版
北京东黄城根北街 16 号
邮政编码：100717
http://www.sciencep.com
中国科学院印刷厂 印刷
科学出版社发行 各地新华书店经销
*
2018 年 11 月第 一 版 开本：720×1000 1/16
2018 年 11 月第一次印刷 印张：14 3/4
字数：280 000

定价：98.00 元
（如有印装质量问题，我社负责调换）

《博士后文库》编委会名单

主　任　陈宜瑜

副主任　詹文龙　李　扬

秘书长　邱春雷

编　委　(按姓氏汉语拼音排序)

《博士后文库》序言

1985 年，在李政道先生的倡议和邓小平同志的亲自关怀下，我国建立了博士后制度，同时设立了博士后科学基金。30 多年来，在党和国家的高度重视下，在社会各方面的关心和支持下，博士后制度为我国培养了一大批青年高层次创新人才。在这一过程中，博士后科学基金发挥了不可替代的独特作用。

博士后科学基金是中国特色博士后制度的重要组成部分，专门用于资助博士后研究人员开展创新探索。博士后科学基金的资助，对正处于独立科研生涯起步阶段的博士后研究人员来说，适逢其时，有利于培养他们独立的科研人格、在选题方面的竞争意识以及负责的精神，是他们独立从事科研工作的"第一桶金"。尽管博士后科学基金资助金额不大，但对博士后青年创新人才的培养和激励作用不可估量。四两拨千斤，博士后科学基金有效地推动了博士后研究人员迅速成长为高水平的研究人才，"小基金发挥了大作用"。

在博士后科学基金的资助下，博士后研究人员的优秀学术成果不断涌现。2013年，为提高博士后科学基金的资助效益，中国博士后科学基金会联合科学出版社开展了博士后优秀学术专著出版资助工作，通过专家评审遴选出优秀的博士后学术著作，收入《博士后文库》，由博士后科学基金资助、科学出版社出版。我们希望，借此打造专属于博士后学术创新的旗舰图书品牌，激励博士后研究人员潜心科研，扎实治学，提升博士后优秀学术成果的社会影响力。

2015 年，国务院办公厅印发了《关于改革完善博士后制度的意见》(国办发〔2015〕87 号)，将"实施自然科学、人文社会科学优秀博士后论著出版支持计划"作为"十三五"期间博士后工作的重要内容和提升博士后研究人员培养质量的重要手段，这更加凸显了出版资助工作的意义。我相信，我们提供的这个出版资助平台将对博士后研究人员激发创新智慧、凝聚创新力量发挥独特的作用，促使博士后研究人员的创新成果更好地服务于创新驱动发展战略和创新型国家的建设。

祝愿广大博士后研究人员在博士后科学基金的资助下早日成长为栋梁之才，为实现中华民族伟大复兴的中国梦做出更大的贡献。

中国博士后科学基金会理事长

前　　言

经过半个多世纪的开采，浅部煤炭资源日益枯竭，随着矿井开采逐渐向深部延伸，煤层底板受到高压水源的影响越来越严重，底板发生突水灾害概率增大。本书围绕高压水源与突水通道两个发生突水的先决条件，深入探讨深部煤层开采底板突水问题，应用多学科理论及研究成果，分析底板突水形成与演化的机理、过程及其特征规律，采用理论分析、现场调研、室内试验、数值计算、物理模拟相结合的方法，开展了系统化的基础性实验研究。

基于"下三带"理论、关键层理论等对底板岩层的认识，探讨底板破坏深度的影响范围，得出高水压将加剧对完整底板破坏深度的影响，建立高水压作用下完整底板采动力学模型，运用力学理论知识，推导分析出高水压底板完整岩层带破坏失稳判据，得出突水通道由采动与高水压共同作用下造成底板裂隙不断演化、贯通而成，高水压的存在加剧了裂隙的不断演化与承压水的导升。针对深部开采特殊力学环境，采用高水压岩石应力-渗流耦合真三轴试验系统，分析了节理裂隙岩石在三维受力条件下，高压水源在结构面演化中的渗流特性，得出水压增大，渗透系数增大，σ_1、σ_2、σ_3 均对单一裂缝的渗透起抑制作用，裂隙面法向应力 σ_2 对渗透性影响起主导作用。研究了应力场与渗流场的耦合作用，采用 FLAC^{3D} 软件对突水通道形成与动态演化过程进行数值模拟，通过底板岩性、水压等参数变化，得出高水压对底板的破坏范围随采面推进逐渐向上扩展，最终成"W"形态。研究深部沉积岩力学特性，研制了新型流固耦合相似模拟材料，掌握了黏土、凡士林等成分对试件强度、渗透性等性能的控制作用，测得了新材料抗压强度、渗透系数等基本力学参数，并给出了综合评价。基于目前实验室研究深部岩体开采环境等特殊问题的新要求，依据相似模拟条件及流固耦合相似模拟理论，分析了突水主要影响因素的作用及其模拟方法，设计研发了有效密封、双向加载的深部采动高水压底板突水相似模拟试验系统。结合深部开采现场，对高水压作用底板的深部突水灾变演化过程进行了物理试验模拟，研究了底板裂隙演化成突水通道的特征规律；通过室内试验研究拓展了断层活化物理模拟手段，并开展了深部开采断层活化突水及裂隙扩展时空演化灾变过程相似模拟试验，提出采空区下部滞后突水的"最小阻力突水原则"；通过 COMSOL 数值仿真模拟，开展了完整底板与隐伏断层构造灾变特征研究；归纳分析多种试验与模拟结果，获得了深部采动高水压底板突水灾变演化特征规律的新认识，并提出高压水作用底板在采空区中部易发生突水，且在推采前期开切眼和煤壁区域底板具有较大危险性，为深部煤层开采底板突水的预测预报提供了一种新思路和理论支持。

作　者

2018 年 5 月

目　录

第1章 绪 论

1.1 深部突水灾变的研究意义

在我国，已探明的煤炭资源量占世界总量的 11.1%，在一次能源构成中煤炭占 70%左右，且这种在能源中占主导地位的构成预计几十年不会发生变化。煤矿资源经过半个多世纪的连续开采并伴随着开采技术的日益成熟，浅部资源逐渐枯竭，诸多矿井采深已大于 500m，我国煤田开采逐渐转入深部开采阶段。以山东省为例，仅开采千米以下的生产矿井及新建矿井就达 17 处，如济北矿区的唐口煤矿、岱庄煤矿、郓巨煤田的龙固煤矿等；有些矿井甚至已步入超深井行列，如新汶煤田的孙村煤矿，最大采深甚至达到了 1350m，成为世界第二采深、亚洲第一采深的矿井。

深部煤炭资源虽然储量较大，据统计，埋深在 1000m 以下的煤炭资源为 2.95万亿 t，占我国煤炭资源总量的 53%，但是地质条件、围岩环境复杂，具有采深大、采厚大、工作面斜长大的三大特点，以及地应力高、温度高、水压高的三高特征，尤其是高岩溶水压严重威胁着深井矿区开采安全。矿井水害一直是我国煤矿五大灾害之一，据国家煤矿安全监察局统计，我国国有煤矿重特大事故中，水害导致的死亡人数仅次于瓦斯事故，居第二位；在发生次数上，在瓦斯和顶板事故之后居第三位。特别严重地是 1984~1985 年和 1996~2000 年，全国共发生仅因底板突水而淹井的事故分别为 22 起和 8 起，造成直接经济损失分别为 7 亿元和 8.5 亿元，间接经济损失共计百亿元。并且，从近十年不完全统计数据来看，如表 1.1 所示，水害事故仍然频发，严重威胁人员生命安全。

表 1.1　近十年我国主要煤矿突水事故统计

序号	年份	发生事故次数/次	死亡人数/人
1	2003	92	424
2	2004	61	254
3	2005	104	593
4	2006	38	267
5	2007	38	423
6	2008	59	263
7	2009	22	153
8	2010	23	163
9	2011	26	123
10	2012(8月前)	15	85
	共计	478	2748

这些水害事故中，煤矿底板水害就占到了 88.1%，成为水害治理的焦点。我国进入深部开采阶段后，煤层底板水害威胁影响日趋严重。据国家能源局统计，仅我国北方主要矿区受岩溶水威胁的煤炭储量就约有 150 亿 t，占探明储量的 27%。深部开采承压含水层的水压不断增大，如徐州矿务局三河尖矿受水害威胁水压高达 8.32MPa；焦作煤业集团赵固矿底板承受水压达 6MPa；义煤集团新义矿、义安矿及孟津矿底板承压达 7.5MPa；豫中矿区的马陵山井田底板寒武系石灰岩水水压甚至高达 10MPa。近年来，矿井水害仍是煤矿安全生产的重大隐患，不但给我国政府带来不良的国际影响，更是威胁着国家财产及煤矿工作人员安全。随着煤层底板受到水压的不断增大，如何安全高效地开采深部受底板承压水威胁的煤炭资源，一直是煤矿生产与科研中需重点关注和不断攻关的技术难题。

国内外针对煤矿底板突水问题，研究历史已有六十余年，也获得了许多技术成果和实践经验。但由于不同地区地质条件、采矿条件的差异性，目前承压水上开采仍是一项世界性的技术与工程难题。同时，煤层底板突水的过程是一个复杂、非平衡、非线性的演化过程，因此，针对高水压作用深井底板条件下的突水通道形成与演化进行基础试验研究，将有助于深化对矿井底板突水现象、机理的认识。本书针对深部围岩环境，研究岩石渗透特性，结合高水压特征，理论分析底板破坏、突水机理，运用物理模拟、数值模拟等试验手段，揭示高压影响下底板破坏与突水通道形成、演化规律。研究成果将为深部高承压水上开采出现的新问题提供一定理论依据，进而将对矿井底板突水的预防与深部煤矿安全带压开采具有重要的理论指导意义，进而产生重大的社会经济效益。

1.2　研究现状分析

矿井突水是一个涉及水文地质、工程地质、开采条件、岩石力学等诸多学科的复杂问题。目前为止，对于煤矿底板突水普遍的认识是在采矿活动影响下，采动应力与承压水共同作用，诱发采场底板变形、破坏或地质构造活化，在底板中形成一条或多条导水通道，进而导致高压水源沿此通道突入采掘空间的一种动力灾害现象。数十年来，国内外大批学者从采场应力作用、底板隔水层性质、岩-水耦合等角度，以及底板突水的致灾机理、预测预报及其相似模拟等方面进行了大量和深入的研究，并取得了如"突水系数"、"下三带"理论、"岩-水-应力关系说"等丰富的研究成果。

1.2.1　底板突水机理研究现状

国外对突水机理方面相对研究较早，早在 20 世纪初，匈牙利、南斯拉夫、西班牙、苏联、意大利、波兰等国已开展对煤矿底板岩层结构及破坏特征的研究，并在底板岩体结构的研究、探测技术及防治水措施等方面，积累了丰富的经验。1944 年，匈牙利学者 Reibieic 首次提出了相对隔水层概念，并建立了隔水层厚度、水压与底板突水的三者关系。他的观点是，底板突水与否不仅与隔水层厚度有关，而且还与水压力大小有关，突水与否将受相对隔水层厚度的制约。同时，他指出若相对隔水层厚度大于 1.5m/atm(1atm=1.01325×10^{5}Pa)，则开采过程较为安全，基本不突水。该成果建立了隔水层厚度、水压与底板突水的关系，后被许多承压水上煤矿开采的国家所引用。同期，苏联学者斯列萨列夫以静力学为基础，将煤层底板视作两端固定的承受均布载荷作用的梁，结合强度理论，推导出底板理论安全水压值的计算公式：

$$H_{理安} = \frac{2K_{P}h^2}{L^2} + \frac{\gamma h}{10^6} \tag{1.1}$$

式中，$H_{理安}$ 为安全水头压力，MPa；K_P 为隔水层的抗张强度，MPa；h 为煤层底(顶)板隔水岩层厚度，m；L 为巷道宽度或工作面最大控顶距，m；γ 为隔水岩层的重力密度，kN/m^3。

由式(1.1)可知：底板产生失稳破坏的条件是 $H_{实际} > H_{理安}$，底板隔水层就会产生失稳破坏，从而导致底板突水。虽然式(1.1)有一定的局限性，但它利用力学方法研究底板突水问题为以后研究开创了先例。

进入 20 世纪 60 年代至 70 年代，底板突水的研究仍然是以静力学理论为基础，但深入进行了对底板隔水层岩性和强度等地质因素方面的研究；较为典型的如南斯拉夫和匈牙利等国，采用相对隔水层厚度来对底板突水状态进行衡量，以泥岩阻抗水压的能力作为标准隔水层厚度，将其他岩层换算成泥岩厚度来衡量突水与否，这样的评价同时考虑了岩层厚度和强度，使之更符合实际。

20 世纪 70 年代至 80 年代末期，许多岩石力学工作者开始关注底板突水机理问题。在改进的 Hoek-Brown 岩体强度准则基础上，Santos 和 Bieniawski 等引入临界能量释放点的概念，考虑采矿活动的影响作用，对煤层底板的承载能力进行了分析，为底板破坏机理的研究提供了一定参考。在 80 年代末，苏联矿山地质力学和测量科学研究所突破传统线性关系，提出了导水裂隙发育与采厚呈平方根关系的理论观点。

20 世纪 90 年代末期，许多学者开始从物探、监测和预测预报角度研究底板突水问题。波兰学者 Motyka 和 Bosch 对 Olkusz 矿区矿井岩溶发育及底板突水情况进行了现场调研，通过对大量钻孔的调查，掌握了该区岩溶发育规律，进而认识到采动裂隙导通了岩溶含水层是造成矿井突水灾害的最直接原因；南斯拉夫学者 Kuscer 对 Kotredez 煤矿突水过程进行监测，研究了从突水发生前的水文地质条件评价到突水发生过程中的水文动态监测等方面的内容，揭示了突水过程中的水文地质动态变化过程，为今后突水预报及治理提供了重要的依据；意大利学者 Sammarco 从本国地下采矿活动的研究中发现，矿井突水常常伴随着诸如水位急剧变化、瓦斯浓度改变等系列前兆信息，通过对这些信息的监测分析研究，提出对矿井突水进行提前预警的观点。此外，Santos 和 Bieniawski 基于改进的 Hoek-Brown 岩体强度准则分析了底板的承载能力；苏联学者 Mironenko 和 Strelsky 对矿井突水的水文地质条件及其机理进行了研究分析，认为矿井突水过程是一个地下水与地下岩体结构在采动影响下的复杂作用过程，并从岩体破坏角度提出了防治矿井突水的方法。

由上述论述可以看出，国外针对底板突水机理的研究在 20 世纪四五十年代即已形成一定认识，而国内起步相对较晚。但由于我国煤炭资源分布较广，水文地质条件复杂，且经过大批学者几十年的积淀，研究成果丰硕，甚至呈百家争鸣之势。多年来，我国煤炭科技工作者在与底板水的长期斗争中，不畏艰辛深入现场一线，从不断摸索、总结中发现底板变形、破坏规律及突水机理，归纳总结出了具有我国特色的理论体系成果，比较具有代表性的成果叙述如下。

1) 突水系数理论

20 世纪 60 年代，在焦作水文大会战时，煤炭科学研究总院西安勘察分院首次提出了突水系数的概念，用于考察突水与否的标准并进行预测预报。突水系数其定义可理解为单位隔水层承受的水压大小，即

$$T_s = P/M \tag{1.2}$$

式中，T_s 为突水系数；P 为含水层水压，MPa；M 为隔水层厚度，m。

由于首次提出时没有考虑到采矿活动对底板的影响破坏情况，故此后几十年不断对此公式进行修正，逐步引入影响底板突水的相关参数，使之趋于完善。煤炭科学研究总院西安分院水文所对突水系数的表达式经两次修改后确定为

$$T_s = P/\left(\sum M_i a_i - C_P\right) \tag{1.3}$$

式中，M_i 为隔水层第 i 层厚度，m；C_P 为矿压对底板的破坏深度，m；a_i 为隔水层第 i 层等效厚度的换算系数。

此后，式(1.3)被我国煤炭科学研究总院引入相关规程；2009 年，新的《煤矿防治水规定》又将突水系数改为最初的定义，如式(1.2)所示。

突水系数公式简便明确、概念清晰，在指导煤矿安全生产中起到了积极的作用，被现场广泛采用。然而，由于突水因素的多样性、随机性，突水系数公式理论仍需进一步的研究和完善。

2) "下三带"理论

20 世纪 80 年代初期,山东科技大学(原山东矿业学院特采所)荆自刚和李白英从井径矿务局、峰峰矿务局等的开采实践中总结,首先提出"下三带"理论。该理论认为开采煤层底板类似采动覆岩破坏情形也存在着"三带",即底板采动导水破坏带、完整岩层带(或有效保护层带)、承压水导升带(或隐伏水头带)。此后,以李白英、孙振鹏、高航、郭惟嘉、高延法等为代表,深入工程现场对隔水层底板内部进行观测分析,并借助相似材料模拟、有限元分析等手段,对此理论进行应用和发展。该成果综合考虑了采矿活动(矿山压力)和承压水在底板突水通道形成中的作用影响,尤其是对完整底板的影响,揭示了底板突水机理的基本内在规律,在现场和科研人员认识、研究底板突水问题上具有较强的理论指导意义。但针对深部开采矿井承压水水头压力越来越大的情况,以及高水压在采动过程中对底板的影响作用则有待于进一步深入研究。

3) 薄板结构理论

进入 20 世纪 90 年代,煤炭科学研究总院北京开采研究所刘天泉、张金才、张玉卓等运用弹性力学、塑性力学理论及相似材料模拟实验等方法研究了底板岩石渗流及突水机制问题。该理论认为底板岩层由采动导水裂隙带和底板隔水带组成,并从力学角度,简化长壁工作面开采底板为半无限体,求出其上受均布竖向载荷的弹性解,进而应用莫尔–库仑(Mohr-Coulomb)强度准则和 Griffith 强度准则求得底板受采动影响下的最大破坏深度。同时,首次利用板状结构理论将底板隔水层带视为四周固支受均布载荷作用下的弹性薄板,然后运用弹塑性力学论解底板岩层抗剪及抗拉强度与底板所能承受的极限水压力的计算公式,并据此进行底板突水的判断预测。该理论成果对底板破坏规律、岩体渗流与应力耦合及突水机制等方面,有了新的认识思路,推动了底板突水研究的发展。同时,也应该看到该理论存在一定的不足之处。该理论忽视承压水导升带的存在及影响,并在处理底板隔水带问题上与工程实际存在较大差距。一般情况下,底板隔水层带具有一定厚度,力学分析中很难达到厚宽比小于 1/5~1/7 的要求,故不能满足薄板条件进行推导分析。

4) "零位破坏"与"原位张裂"理论

煤炭科学研究总院北京开采所王作宇、刘鸿泉等于 20 世纪 90 年代提出该理论。该理论考虑矿压、水压的联合作用于工作面对煤层的影响,并将其范围分为三段:超前压力压缩段、卸压膨胀段和采后压力压缩稳定段。超前压力压缩段是在其上部岩体自重力和下部水压力的联合作用下,整个结构呈现上半部受水平挤压,下半部受水平引张的状态,从而形成底板岩体节理、裂隙不连续而产生的原位张裂。卸压膨胀段为处于压缩的岩体应力急剧卸压,当围岩的储存能大于岩体的保留能,便以脆性破坏的形式释放残余弹性应变能以达到岩体能量的重新平衡,从而引起采场底板岩体的零位破坏。该理论用塑性滑移线理论分析了采动底板的最大破坏深度,阐明了受采动影响底板岩体移动、变形及破坏的演化过程,以及承压水的运动规律,从一定角度揭示了矿井突水的内在原因。但该理论在底板突水判别上仍然采用突水系数法,同时对于原位张裂发生、发展过程及其程度缺乏定量分析,从而限制了其在工程实际中的应用推广。

5)"强渗通道"学说

中国科学院地质研究所许学汉等学者在 20 世纪 90 年代提出该学说,其认为底板是否发生突水的关键在于是否具备突水通道。"强渗通道"学说解释突水机理的基本观点有两个方面:其一,底板存在与水源沟通的固有突水通道时,当其被采掘工程揭穿时,即构成矿井突水事故;其二,当底板中不存在这种固有的突水通道时,在各种应力及承压水的共同作用下,沿袭底板中原有的薄弱环节发生形变、蜕变与破坏,形成新的贯穿性强渗通道而诱发突水。该学说考虑到了地质构造在突水通道形成中的影响作用,但对各种应力及水压缺少深入研究。

6)关键层理论

中国矿业大学钱鸣高院士于 1996 年将采场顶板覆岩关键层理论引入底板突水研究中,并根据底板岩层的层状结构特征,建立了采场底板岩体的关键层理论。KS 理论认为,煤层底板在采动破坏带之下、含水层之上存在一层承载能力最高的岩层,称为关键层。在采动条件下,可将关键层视为四边固支的矩形薄板,再运用弹、塑性理论分别求得底板关键层在水压等作用下的极限破断跨距,并分析了关键层破断后岩块的平衡条件,建立了断层底板突水准则和无断层突水准则。关键层理论考虑底板岩层特性,抓住了底板岩体具有层状结构的特点,并分析了底板中的强硬岩层在突水中的作用,揭示了采动影响和承压水作用下采场底板的突水机理。但在底板岩性复杂,尤其是多层岩性层组合结构的底板,承载能力高低不好界定,难以确定应将哪一层岩层作为关键层。

7)"岩-水-应力关系"学说

20 世纪 90 年代,由煤炭科学研究总院西安分院王成绪等提出该学说,认为底板突水是岩(底板砂页岩)、水(底板承压水)、应力(采动应力和地应力)共同作用的结果。采动矿压使底板隔水层出现一定深度的导水裂隙,降低了岩体强度,削弱了隔水性能,造成了底板渗流场重新分布,当承压水沿导水破裂进一步浸入时,岩体则因受水软化而导致裂缝继续扩展,直至两者相互作用的结果增强到底板岩体的最小主应力小于承压水水压时,便产生压裂扩容,发生突水。用水压与应力的关系表示突水情况,即:$I = P_w / z$(I 为突水临界指数,P_w 为底板隔水岩体承受的水压,z 为底板岩体的最小主应力),当 $I < 1$ 时不会发生突水,反之则发

生突水。该学说从物理和应力概念出发，考虑了岩石、水压及地应力的影响，分析了突水具备的两个条件，但对采动导水裂隙带及承压水的再导升高度等问题却未得出定量结论。

8)"递进导升"学说

20世纪90年代末期，煤炭科学研究总院西安分院王经明提出该学说，通过研究采动矿压和水压的共同作用，认为在煤层底板隔水层和承压含水层之间，存在着底板含水层水压对底板隔水层裂隙扩展、入侵、递进发展的导升现象，当隔水层内的入侵导升裂隙带和上部采动底板破坏带相沟通时即发生突水。该理论能够较好地解释在工作面回采过程中发生在工作面附近的底板突水问题，但对入侵导升带的位置及高度有待于进一步具体量化。

9)"下四带"理论与突水概率指数法

进入21世纪，山东科技大学施龙青运用损伤力学、断裂力学等理论研究底板突水问题，提出"下四带"理论。该理论将采场底板自上而下划分出4个组成带，即：矿压破坏带、新增损伤带、原始损伤带和原始导高带，并通过力学分析推导的方法，计算得出新增损伤带厚度，给出底板破坏型突水条件。此外，该学者结合现场实际，提出运用突水概率指数法进行底板突水的预测预报。该方法基于研究肥城煤田主要突水因素，并结合大量的采场底板突水案例，分析导致煤矿底板突水的主要因素，将各种因素在底板突水中所起的作用大小，利用概率统计法及专家经验法确定各种因素在底板突水中所占的权重，建立计算突水概率指数的数学模型；通过此模型开发采场底板突水预测预报软件，对底板突水的可能性及突水程度进行判别分析。"下四带"理论和突水概率指数法是结合现代理论知识、借助计算机等手段，对底板突水的一种新认识和新方法，不仅综合考虑各种因素，而且针对性、可操作性强。然而，该理论、方法建立在复杂的理论研究和矿区构造及水文特征充分掌握的基础上，其实用性、推广性还有待于进一步探索和研究。

10)其他相关研究动态

还有大批科研工作者运用新理论、新手段、新方法、新技术从不同角度分析底板突水机理问题。陈秦生、蔡元龙等用模式识别方法预测底板突水取得了一定的成效。高延法等根据现场观测结果，提出突水优势面理论，并对突水类型划分、水压在突水中的力学作用、突水预测与防治等方面进行了研究。黎良杰从力学和相似物理模拟角度对底板岩层破坏规律及特征进行了较为深入的研究工作。张文泉等运用力学理论与模糊数学等多学科知识，结合底板突水构造地质，研究底板裂隙、节理的发育规律、有效隔水层的阻水性能、突水位置的空间分布规律及其影响因素等，并结合统计资料，研制了采煤工作面底板突水专家预警系统。肖洪天等利用几何损伤力学理论分析底板岩体稳定性及裂纹扩展机理，并进而研究了煤层底板损伤破坏突水机制。此外，魏久传考虑了底板岩石时间效应、蠕变机制，引用流变理论，并结合岩体损伤与稳定性，对煤层底板突水进行了深入研究。彭苏萍院士从煤田水文地质中的岩层结构和工程地质特征分析入手，考虑煤矿开采出现的高地应力、高水压影响情况，针对我国东部煤矿提出了高承压水上安全开采技术。虎维岳、尹尚先等分析工作面突水受采动影响的力学机制，对我国煤矿底板突水类型、机理及其防治工作进行了一些研究工作。潘岳、唐春安、王连国、中国生、周辉、邵爱军等将底板突水视为非线性问题对待，应用 1972 年法国托姆创立的突变理论，分析底板岩层破坏失稳情况，并建立尖点突变模型及发生突水判据，为矿井底板突水机理的研究提供了新的思路方法。缪协兴等从底板岩体渗流角度出发，研究采动岩体渗流非线性、随机性等特征，结合采场底板隔水关键层理论，建立了以采动岩体渗流失稳为突水判据的预测预报理论。卜万奎基于断层参数相关因素进行分析，研究底板含断层地质构造情况下突水危险性的情况。汪明武采用实码加速遗传算法来优化模型参数，建立了突水危险性综合评价的投影指标函数，提出了基于投影寻踪方法综合分析的新思路来探求煤矿底板突水机制。丁华提出底板可分为"三区"和"五带"的思想，并运用箱体模型解释了地下水不同储水带、导水带间的径流、补给及排泄现象。朱德仁等区分岩体破坏与底板突水，认为底板岩体破坏的工程准则和底板突水准则应该是两个不同的概念。另有大批科研人员，如卜昌森、张希诚、胡宽、李青锋等，密切结合现场实际，从地质条件、采矿条件等不同角度考虑研究底板突水机理问题。

1.2.2 相似模拟试验研究现状

由于在地质构造、危害程度方面的特殊性，使得矿井突水不同于其他物理现象，借助现有的技术手段也很难直接观察、深入研究突水的机理及演化过程。因此，许多学者采用实验室进行相似模拟的方法进行更为有效的研究，并取得了丰硕成果。

1)试验成果研究

早在 20 世纪 70 年代末，苏联学者 Bop и cob 首先采用相似材料建立立体模型对矿山采空区底板岩层的变形进行了模拟研究，Faria 等也从岩石力学的角度研究底板破坏机理；国内山东科技大学、中国矿业大学、太原理工大学、煤炭科学研究总院西安分院、中国科学院地质研究所等多家单位采用平面应力模型对承压水开采进行了相似模拟实验，并分别得到了顶板应力分布、底板应力分布、煤层应力分布及变形特征。李白英、张文泉等通过室内相似材料模拟试验，获得了顶板、底板内应力分布及变形特征。黎良杰、钱鸣高等通过无地质构造影响的底板突水相似材料模拟试验，阐述了底板的 OX 型破坏特征，提出 O 与 X 的交点处最容易产生突水通道；杨映涛利用相似模拟试验，分析了断层的位置和倾角对底板突水的影响；蒋曙光基于三维模型，对综放采场渗流场及瓦斯运移特性进行了较系统的模型试验；周钢采用相似模拟含断层构造的煤层，分析影响断层导水的各种因素；王经明采用相似模型试验，研究并证明了承压水沿煤层底板递进导升的突水机理学说；吴基文等对断层带岩体采动效应进行了相似材料模拟研究，研究煤层开采对断层活化问题；胡耀青等研究流固耦合理论，通过三维相似材料模型分析了开采过程中采场顶底板的变形及其破坏过程、应力及其水位的变化规律等。

2) 相似模拟材料研究

乌克兰科学院曾采用沙、石蜡油、石墨混合物为相似材料，模拟研究采矿活动中泥质岩石层的底臌问题；别小勇等以砂子为骨料，添加一定配比的胶结料配制相似试验材料来模拟顶底板岩层，并在材料中添加粉煤灰来实现模拟煤层；胡耀青、赵阳升等采用水泥、砂子、石子、石膏、滑石粉和克晒赢为主料来模拟岩层，并用红胶泥来模拟底板中软弱隔水层带；唐东旗模拟断层带防水煤柱留设问题，研制以砂子为骨料，石膏、碳酸钙为黏结剂的相似材料；龚召熊等研究地质力学问题，以无水石膏、石蜡油做为胶凝剂，模拟强度较低、变形较大的塑性破坏型岩体和泥化夹层；黎良杰研究底板突水问题，选用砂子、碳酸钙和石膏为主料，以硼砂为缓凝剂制作采场底板突水模型的相似材料；王贻明等模拟复杂条件下开采，选用河砂、水泥、石膏、硼砂等为相似材料的主要成分，并以河砂为骨料，水泥和石膏为胶结剂，硼砂为缓凝剂模拟岩层，另采用黑云母模拟岩体中的破碎带；张杰、侯忠杰等模拟固液耦合问题，改进相似模拟材料，以河砂为骨料、石蜡为凝胶剂，对煤层开采流固耦合条件下突水进行了模型试验研究；山东大学以李术才、李树忱、李利平等为代表的课题组深入研究相似模拟材料，分析隧道突水问题，研制以砂和滑石粉为骨料，石蜡为胶结剂，以及以砂、重晶石粉、水泥为骨料，以凡士林、硅油为胶结剂(silicone oil as cementing agent，SCVO)的两种新型流固耦合相似模拟材料。

3) 模拟试验设备研制研究

模拟矿山开采相关问题的物理试验模型，一般分为平面模型和三维模型，在矿井突水的模拟试验研究中，尤其是初期阶段，多采用平面应力模型。早期的平面应力模型多采用杠杆式加载，随着试验不断改进，后期主要采用由模型加载和静态伺服液压控制系统组成的加载方式。随着对突水机理认识的不断加深，在平面模型基础上逐渐开始了对大型三维模型试验系统的研制。煤炭科学研究总院西安分院杨映涛和李抗抗设计了物理模型自动稳压加载系统，并研制了底板突水模型试验装置，进而实现了对完整底板突水类型和含地质构造底板突水类型进行物理模型试验研究的需要；中南大学刘爱华、彭述权、李夕兵等研制深部开采承压突水机制相似物理模型试验系统，具有侧向和横向组合加载方式，主要功能为进行煤矿顶板承压突水下开采突水模型试验模拟；中国矿业大学(北京)王家臣等研制导水陷落柱突水模拟试验台，分析采掘过程中岩体应力场和承压水渗流场的共同作用规律，研究含陷落柱构造的突水通道导水规律及突水机理；中国矿业大学(徐州)隋旺华、董青红、杨伟峰、徐智敏等科研团队对室内水砂突涌试验平台和高压三维矿井突水模拟试验系统进行建设，开展研究水砂突涌的机理和采动影响下的突水试验模拟，揭示不同条件下的突水机理；太原理工大学胡耀青、赵阳升等研制了三维流固耦合相似模拟试验台，研究流固耦合相似模拟理论及试验台配套相关加载系统、测试系统，得出了煤层底板应力、位移一直处于动态变化过程的结论，为带压开采突水防治提供理论依据；山东大学李术才、李利平、李树忱研制了地下工程突涌水物理模型试验系统，主要针对隧道、巷道及含地质构造条件的突涌水问题进行物理模拟，分析应力、位移、渗压变化，研究巷道涌水的灾变演化过程。

4) 数值模拟分析研究

随着计算机技术在数值仿真分析计算方面的深入发展，许多科研人员开始利用 ANSYS(有限元分析软件)、FLAC(free lossless audio codec，无损音频压缩编码)、UDEC(universal distinct element code，通用离散单元法程序)、RFPA(radio frequency power amplifier，射频功率放大器)和 Comsol Multiphysics (任意多物理场直接耦合分析软件)等商业程序，对于煤矿开采过程中发生的底板变形破坏规律、渗流灾变机理、底板突水灾变与演化等情况，以及应力场、渗流场等多场耦合模拟方面的内容，开展了深入的研究工作。早在 20 世纪八九十年代，山东矿业学院(现山东科技大学)特采所李白英教授等利用二维非线性有限元进行电算模拟，获得了对煤柱变形、底板应力分布、煤层底板移动变形规律及底板岩层的破坏特征等方面的认识，并认为初次来压、周期来压时对底板破坏性大，且来压步距越大底板破坏深度、范围越大。高航、孙振鹏对承压水采动影响破坏下底板破坏特征进行了有限元模拟，获得了矿压、水压对底板作用影响的认识规律。刘伟韬用 FLAC^{3D} 数值模拟手段，探讨了煤层底板含断裂构造时，出现滞后型突水机理的规律特征。唐春安、杨天鸿等利用自行开发的岩石破裂过程渗流与应力耦合分析系统 F-RFPA^{2D}，对承压水底板破裂失稳过程进行了数值模拟，分析了承压水底板失稳的机理，并探讨了底板破坏时可能出现的突水位置。郭惟嘉、刘进晓等采用数值模拟计算软件 ANSYS，对煤矿底板受采动压力及高承压水的破坏情况进行分析，并探讨地下水渗流场和应力场耦合作用机理；刘泉声、卢兴利等通过离散元计算软件 UDEC，对采场采动影响断层破裂带附近岩体的效应进行研究，分析工作面与断层带范围内的围岩应力变化，表明此区域底板破坏突水的危险性增大；卜万奎、茅献彪运用 RFPA^{2D}-Flow 软件，模拟底板断层倾角因素变化对底板的裂隙分布、渗流分布的影响特征，表明了断层活化对底板突水机理的影响作用；赵玉成、樊志强等利用 Comsol Multiphysics 多物理场耦合数值模拟软件，并结合隔水关键层理论，分析含水层水压力变化对岩层各点的位移和应力影响变化特征。此外，诸多科研人员也从流固耦合角度出发，对承压水上采煤模拟分析，取得了底板突水机制的新认识。

1.2.3 高水压影响作用研究现状

研究承压水上采煤发生突水灾害的关键就是分析底板岩体在采动应力和水压力作用下的破坏过程。由于承压水水头压力的增大，水压力对底板岩层破断渗流通道形成的影响作用越发重要。从岩石破坏机制来看，一方面高水压对岩层裂纹萌生、发育、扩展的破坏过程和水压致裂一样，另一方面高压水源使岩石软化、性质发生改变，并与之发生渗流耦合作用，导致失稳破裂。研究文献显示，国内外部分相关学者对水压的影响作用方面有一些关注和研究。

在 20 世纪 80 年代之前，国外匈牙利、南斯拉夫、苏联学者，考虑水压对底板岩体的破坏作用，建立在静力学理论基础之上，提出了底板破坏的安全水压力值；Khristianovich 和 Zheltov 首先引入一个动平衡概念，认为岩石裂缝的扩展是水力作用的结果，同时建立了水力压裂的 KGD 模型；Romm、Snow 等研究岩体应力与渗流之间的关系，进行了裂隙岩体水力学的相关试验，建立了裂隙岩体渗流模型。之后，泰山学者蒋宇静等研究岩体内渗流耦合问题，应用自行研制开发的数控剪切-渗流耦合试验机，进行了剪切渗流耦合试验研究，并表明岩体内的渗流主要是通过断裂节理网络产生，渗透性节理面的几何特性和受力特征决定和影响着节理裂隙的渗透性质，认为节理力学性质、水力开度和透过率在岩体受到剪切破坏中呈现出两阶段的变化性质。

在国内，20 世纪 90 年代，高延法等分析水压在底板突水中的影响作用，表现为 5 个方面：①水对岩石的软化作用；②水压对岩体裂隙的有效应力作用；③水压对非连续介质岩体裂隙面和断层面的水楔作用；④水体流动对突水通道的冲刷扩径作用；⑤水压在突水时具有动力的作用决定了突水量的大小。施龙青等研究承压水对采场底板的破坏过程，认为水压对底板岩体形成损伤破坏，并造成裂隙劈裂长度随着裂隙长度的增加而呈线性增加，随水压力的增加而增加。

此外，很多学者专家从力学、试验、渗流等角度，也有很多新的见解和认识。淄博矿区局地质测量处对采区底板突水的结构力学原理进行分析，建立了水压影响下的底板岩体力学平衡关系式，并解释了水压造成采场底板的变形破坏表现为底板首先底臌、继而出现裂隙、而后冒水的现象；金国栋利用岩石脆性和高压水的渗透尖劈作用，进行高压破岩试验，分析高水压对岩石的劈裂作用，表明了岩石在高水压的拉应力作用下张裂破坏特征；黄润秋等从断裂力学角度分析高水压对岩体的力学作用，探讨了高压水头作用下的裂隙张开度的变化，提出了裂隙张开度变化的计算公式；司海宝等应用断裂力学理论，建立了煤层底板突水的断裂力学模型，分析水压对底板岩体结构面的发育作用，提出了安全隔水层厚度计算公式；葛家德等根据现场研究，总结分析出随着采深加大，水头压力增高，进而造成岩体破坏范围异常加大，同时破坏程度也异常加剧；姜文忠运用岩石破裂过程流固耦合分析系统进行数值模拟，得出水压致使裂隙扩展进而提高岩体渗透率，裂隙扩展过程中主裂隙附近岩体渗透率高于非破坏区岩体渗透率，且水压不断增加导致了岩体裂隙萌生、扩展，岩石破裂失稳；于保华研究高水压作用下的关键层复合破断机理，并对致灾机制提出了一些新的认识；徐智敏研究不同结构底板隔水层的采动破坏规律、突水前兆信息，分析了高水压在不同压力值条件下的底板破坏特征及其规律；周晓敏等从数值模拟和模型试验角度，建立了一定围岩范围和深埋的高水压岩层力学模型，分析了高水压影响下岩体互相作用的平面应变问题；钱增江针对现场大采深、高水压的采矿条件，分析高水压对奥灰底板的影响，进行了带压开采评价，提出了加强高水压底板突水防治的安全技术对策。

1.2.4 裂隙扩展演化研究现状

根据对底板突水机理的分析，矿井发生突水需要两个条件：一为水源；二是具有利用水源导升的突水通道。针对完整底板突水情况，突水通道的形成往往是岩层裂隙发育、扩展、演化的结果。底板岩层中分布着一定的原生裂隙，当岩体受到承压水或采动应力作用时，内部应力状态发生变化，一旦达到强度条件，裂隙便发生扩展，岩层的渗透性增大，最终裂隙不断萌生、扩展、贯通而演化成突水通道。研究基于裂隙扩展、发育形成底板破坏的突水通道问题，很多学者专家给予了深入分析。

靳德武等从动力学的角度分析了岩体破坏情况，认为突水通道形成是岩石中原生破缺与次生破缺的发展过程，并将该过程分为两步：一是原生破缺缓慢的发展过程，此时并不导致突水；二是破缺暴涨的突变失稳，此为一种快过程，是能引起岩体破坏并且导致突水的突变过程。王连国、宋扬利用密度矩阵重整化群的理论方法，研究采场底板岩层单元体破裂的随机性和关联性，得到小破裂的积累才形成大破裂、从而演化到突变的结果，进而提出了底板岩体中的一系列小节理、裂隙破裂逐渐发展演化成为底板突水通道的观点。李利平、李术才等从宏观和微观两方面入手研究突水通道的形成、演化，分析微观作用机制、宏观岩体失稳破坏的力学判据，并认为突水通道的形成是岩体内部裂隙局部扩展、贯通形成的微渗流通道，微渗流通道逐渐形成范围较大的损伤破坏区，而后演化导致岩体瞬间失稳发生突水。李连崇、唐春安等利用数值模拟软件，通过对损伤演化、应力场和渗流场的解读，分析采动应力对底板破坏的影响及导水构造的演化，认为突水通道的形成过程是一个复杂的损伤演化过程，是岩石材料内在物理力学性质随时间劣化及岩体内部细观损伤积累的结果。邢会安等研究煤矿工作面底板突水通道，认为在深部开采时突水通道的形成大部分是由水压、矿压引起的，并且水压、矿压引起的煤矿突(涌)水事故比断层引起的此类事故要多。

蒋宇静、孙钧等研究岩石节理面受力扩展机制，基于不规则节理的表面粗糙形状的精确测量技术，分析了受力节理表面损伤与垂直应力、剪切位移的关系，并认为节理表面损伤随垂直应力、剪切位移的发展而增加，且岩体初始阶段节理表面损伤主要为小区域内陡倾的凹凸的剪断破坏而后进入节理面的磨耗过程，并提出了砂岩节理的损伤大于花岗岩节理的观点。魏久传提出岩石损伤与稳定性统一的动态损伤-稳定理论，进行煤层底板裂隙起裂扩展的断裂力学分析，对煤层底板岩体的裂隙，节理面扩展、发育做出了一些探索性的研究。赵启峰、孟祥瑞等研究底板岩层的裂隙演化，采用连续介质损伤力学和几何损伤理论的研究方法，建立了煤层底板脆性裂隙岩体介质在孔隙水压力作用下受采动影响的脆性动力损伤发展和孔隙率演变模型，认为煤层底板岩层是一个受到各种地质作用以后所形成的损伤体，底板岩层的变形破坏是原生节理、裂隙扩展、贯通演化的结果。赵保太等通过相似模拟试验，揭示了岩层裂隙场的分布及演化规律，认识到岩层裂隙发展变化经历了卸压、失稳、起裂、突变张裂等过程。张文志等采用突变理论分析爆发型底板突水，认为突水通道的形成是水压与破碎区岩体相关力学性质及破碎区尺寸共同作用的产物。冯梅梅、茅献彪等采用压力水袋对底板隔水层的承压水作用进行物理模拟，研究底板隔水岩层的变形及破坏特征，得到采空区底板隔水层两端受拉剪作用而产生裂隙带，此区域容易演化形成导水通道。

另有部分科研人员，利用地质雷达、声波探测、CT成像等技术，从物探和试验的角度，探寻突水通道形成、演化特征。郭君书、孙振鹏等采用地面电法，探测导水裂隙带发育高度，对裂隙现场探测做出进一步探讨；刘树才、刘鑫明等采用三维电阻率法CT成像探测技术，对工程现场底板破坏裂隙带进行动态监测，通过正演模拟为底板破坏裂隙带、原生裂隙带提供新的认识。伍永平等基于电子窥视摄影原理，利用钻孔电子内窥摄像的方法，探测深部裂隙发展，得到深部裂隙形状以纵向、横向、斜向、网状(楔形、碎裂、环形)、纵向交错或横向交错状为主，向纵深发展，演化形态体现为内动力作用下的裂隙相互渐近切割与裂隙结构的"联动分离"特征。

1.2.5　研究进展

纵观煤矿底板突水的研究发展历程及研究现状，众多学者专家从采场底板应力分布、底板变形破坏特征、隔水层性质评价到裂隙演化规律、承压水作用影响、应力场与渗流场耦合分析，再到突水前兆信息、突水预测预报、水害防治等，从理论分析、力学推导到现场观测、手段监测，再到室内物理模拟、数值模拟，均取得了重大进展，推动了我国乃至世界矿井水害理论研究工作的进程。但由于突水机制与地质条件的复杂性，以及矿井面临向深部不断延伸的新形势与新问题，仍有以下一些实际问题需进一步的全面认识和深入探究。

(1)突水机理的新认识。矿井面临深部开采的新形势，围岩环境受"三高一扰动"的影响，完整底板在高水压的作用下的变形破坏规律需全面认识和研究。

(2)突水通道的形成、演化。随着底板受到承压水水压的不断升高，高压水源对完整底板隔水层的破坏作用、裂隙发育扩展特征导致突水通道的形成及时空演化问题，有待于进一步分析。

(3)深部采动条件下，分析底板岩层相关物理、力学性质与破坏位置的关系，并为矿井突水的预测预报提供理论支持。

(4)研究深部岩体的渗透性，考虑应力场和渗流场耦合作用，应用新材料、新设备实现对底板突水问题的新认识。

1.3　本书主要内容

矿井发生突水的先决条件是突水通道和水源，探求底板突水灾变演化特征规律可归结为突水通道形成过程特征与高水压导升规律两方面。水源性质的变化导致突水通道模式的不同，水源水压对完整底板岩体中应力场、渗流场的影响作用引发相应突水通道的形成与演化特征。基于此学术思路，结合深部开采岩体力学环境，围绕高水压影响作用，力学分析底板完整岩层带开裂、破断失稳条件，从物理模型试验角度揭示裂隙演化导致突水通道形成的特征规律，通过数值仿真解读应力场、渗流场耦合情况下底板破坏、突水通道形成与动态演化过程，并进一步分析底板易突水位置，进行了以下几个方面的基础试验研究。

(1)深部围岩环境、岩体力学性质研究。深入深部开采矿井，研究煤层赋存环境和围岩特征及高地应力变化规律。测试深部完整底板岩体典型岩性相关基本物理、力学新特性；以真三轴设备模拟深部岩体围岩环境，研究岩石在三维应力状态下，高压水源对岩石裂隙、节理的扩展作用，分析高压水源在节理裂隙岩石中的渗流特征，为揭示底板承压水导升机制、突水通道形成过程中渗流场演化特征提供理论基础。

(2)采动应力、高压水源作用下底板破坏规律、失稳判据及突水机理研究。研究高岩溶水压的赋存规律及随开采深度变化水头压力变化特征。以"下三带""下四带"等理论为基础,分析底板突水机理与破坏规律及采场底板垂直应力、剪切应力分布特征;根据现场探测与理论推导分析,获得采动影响作用下的底板破坏深度(底板破坏带范围)及其相关影响因素。依据高压水作用下深部开采特征,建立完整底板受力分析力学模型,采用材料力学、弹性力学等理论,分析底板岩性与水压变化对底板岩层的破坏力学机制,给出完整底板岩体失稳的初步判别,并提出高压水作用下底板的起裂位置。

(3)结合岩石力学特性、新型相似模拟材料研制。通过研究相似模拟材料相关文献资料,结合深部岩石物理、力学特性,研制新型流固耦合相似模拟材料。针对相似模拟材料中成分比例变化,建立试验方案,掌握各成分在新型材料中起到的影响控制作用。研发岩石试件渗透测试仪并利用实验室设备,测试新型材料基本力学性能,并对新型材料性能进行综合评价,为物理模型试验奠定试验材料基础。

(4)深部开采相似模拟试验系统研发与物理模拟手段研究。研究影响煤矿底板突水的主要因素,总结分析主要影响因素的模拟手段,提出相关因素的物理模拟方法,研制深部采动高水压底板突水相似模拟试验系统。研究断层模拟手段,分析黄豆等特殊材料模拟底板断层中的效果作用,获得突水灾变模拟手段技巧。研究流固耦合相似模拟理论,结合深部开采矿井工程实际,建立多场耦合的突水识别模型与物理试验模型。

(5)深部开采底板突水灾变物理模拟试验与突水通道形成、演化特征研究。开展高水压作用下深部完整底板和含断层底板采动突水灾变物理模拟实验。通过采动应力场、渗流场等采集信息变化及模型外部观察,分析高压作用下底板裂隙发育、扩展导致突水通道形成、演化特征。结合监测数据变化,分析灾变前兆信息,研究深部含断层底板在复杂应力条件下的破裂导水特征。

(6)突水通道形成过程与底板易突位置分析。通过研究深部开采底板应力分布状态与位移变化特征,依据承压水渗流场和采动应力场的耦合方程,采用理论分析与数值仿真模拟的方法,研究不同条件下随工作面不断推进底板岩层中突水通道形成的过程。通过水压和底板完整岩层带性质变化,分析底板影响破坏变化范围及突水通道形成条件,进一步探讨底板容易形成突水通道、发生突水的位置。

1.4 研究方法和技术路线

本书查阅相关文献资料,在掌握国内外矿井底板突水研究现状及成果的基础上,确定研究方案,从理论分析、力学推导入手,应用多学科理论,采用现场监测、室内试验、物理模拟与数值分析相结合等手段、方法进行分析、验证，结合工程实际，归纳、反演突水灾变特征及通道形成、演化的特征与规律，有针对性地对深部高承压水上安全开采进行积极探索。

主要技术路线如图 1.1 所示。

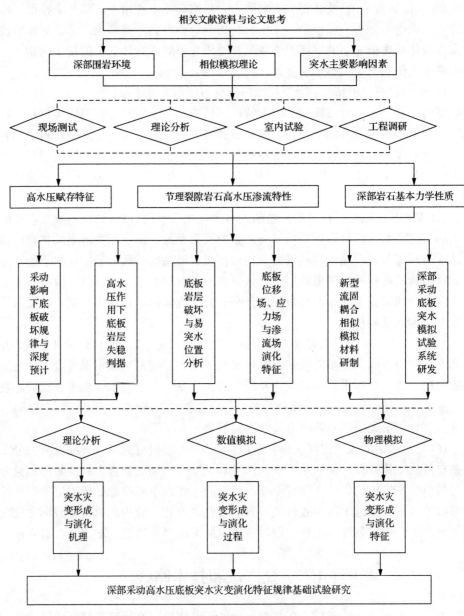

图 1.1　技术路线图

第 2 章　底板采动破坏特征与高压水作用力学分析

多年来，我国煤矿突水事故多发，机制多不相同。部分科研学者已经认识到底板的破坏导致突水事故等相关问题。随着矿井转入深部开采，底板岩层下部含水层的承压水水压越来越大，对底板的影响作用与导升效果也随着增大，突水的频率、强度有所增加。本章基于"下三带""下四带"等理论与"递进导升"学说，从底板破坏深度和高水压对完整底板隔水层破坏力学作用两个角度出发，综合分析底板破断失稳问题，探究高压水源作用下单一岩性采场底板突水通道形成机理。

2.1　底板采动破坏突水机理分析

对于煤矿突水问题的认识，有众多的理论学说；针对完整底板突水机理，"下三带"理论与"下四带"理论、"递进导升"学说等均认识或涉及底板的采动破坏深度与递进导升高度，对突水通道的形成提供一定理论依据。

2.1.1　"下三带"理论

从 20 世纪七八十年代，原山东矿业学院(现山东科技大学)特殊开采研究所科研人员经过对开采煤层底板内部情况多年综合研究，同时结合模拟实验与电算分析等研究手段发现，煤层开采以后，底板岩层特征也与采动煤层顶板岩层类似，存在着相应的"下三带"。依据"下三带"理论，从煤层底板上界向下，至含水层顶面，依次可分为底板导水破坏带、保护层带(完整岩层带或阻水带)和承压水导升带。其各分带岩层的具体含义如下。

1. 底板导水破坏带

当煤层开采以后，底板岩层由于受到开采矿压的作用，使得岩体产生连续性破坏，因而底板岩层的导水性能也因裂隙的萌生发育而发生明显改变。采动裂隙使底板导水性明显发生改变的空间分布范围称之为底板导水破坏带，并将自煤层底板上界面至导水裂隙分布范围最深部边界的法线距离称为"导水破坏带深度"。底板导水破坏带内存在的裂隙，可分为 3 种类型：①竖向张裂隙。主要分布在紧靠煤层的底板最上部，是底板膨胀时(底臌)层向张力破坏所形成的张裂隙。

②层向裂隙。主要沿层面以离层形式出现，一般在底板浅部较发育，是在采煤工作面推进过程中底板受矿压作用而压缩-膨胀-再压缩反向位移沿层向薄弱结构面离层所致。③剪切裂隙。是由采空区与煤壁（及采空区顶板冒落再受压区）岩层反向受力剪切形成，分别反向交叉分布。三种裂隙并无明显分界，有时甚至同时分布。

2. 保护层带（完整岩层带或阻水带）

该岩层带是指底板岩层保持采动前后的完整状态及其原有阻水性能不变的岩石范围。虽然此带内岩层也受采动矿压作用，或许有弹性甚至塑性变形，但其主要特征是仍保持采前岩层的连续性，其阻水性能未发生变化，能起着有效阻水保护作用，故也称其为有效保护层带或阻水带。考虑安全起见，将其与底板破坏带下界面、承压水导升带上界面之间的最小法线距离称为保护层厚度(h_2)。此保护层带的厚度大小不一，与地质条件有关，有的甚至不存在。

3. 承压水导升带

"下三带"理论认为含水层中的承压水可沿顶面以上隔水岩层中的裂隙进行导升，那么导升后承压水在充水裂隙分布的空间范围称为承压水导升带。其上部边界至含水层顶面的最大法线距离称含水层的原始导升高度，简称为承压水原始导高。当煤层开采以后，原始导高在开采矿压作用下有可能发生再导升，但上升值很小，所以通常所指的承压水导高也包括采动后承压水可能再导升的高度，统称为承压水导升带厚度(h_3)。在岩层内部裂隙发育、扩展具有不均匀性，所以导高带的上限大小很难统一界定，当含水层上部存在干涸的充填带时，甚至出现喻为"负导高"(h_4)的情况。

采动底板岩层"下三带"的空间分布如图 2.1 所示，依据图 2.1(a)，当倾斜角度为 0°时，则完整底板发生突水的判据为

$$h - h_1 - h_3 \leqslant 0 \tag{2.1}$$

式中，h 为底板岩层带厚度；h_1 为底板破坏带深度；h_3 为承压水导升带厚度。

2.1.2 "下四带"理论

近年来，山东科技大学施龙青等在"下三带"理论的基础上，从现代损伤力学与断裂力学理论出发，推导建立了采场底板的"下四带"理论。依据底板各岩层间力学的特征不同，将采场底板划分出四个岩层带，由上到下依次为：Ⅰ.矿压破坏带；Ⅱ.新增损伤带；Ⅲ.原始损伤带；Ⅳ.原始导高带。如图 2.2 所示，各岩层带具体含义如下。

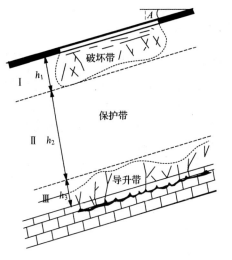

(a) 倾斜的正常岩层情况

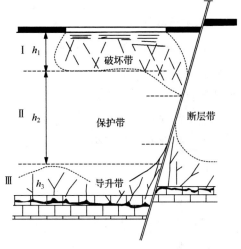

(b) 水平岩层并有断层切割情况

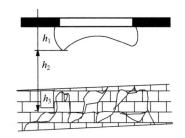

(c) 底板含水层顶部存在充填隔水带情况

图 2.1　"下三带"空间分布示意图

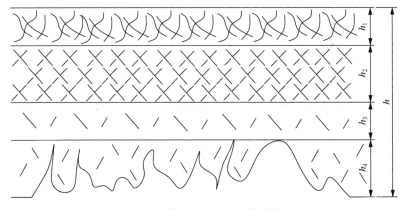

图 2.2　采场底板"下四带"模型

1. 矿压破坏带

矿压破坏带为第Ⅰ带(h_1)，是指底板岩层在矿山压力作用下破坏显著，岩层中的岩体弹性性能明显遭到损失的空间范围。矿压破坏带与"下三带"中底板破坏带具有一定的相似性，其主要特点表现为：岩层带内岩体已不具有原岩的连续性，隔水性能丧失；岩层带内存在各种裂隙发育，并且贯通性好，使得该带具有较好的导水能力；承压水导升至此带时，能够形成突水通道。

2. 新增损伤带

新增损伤带为第Ⅱ带(h_2)，一般是指在矿山压力作用下，岩体受到破坏明显，其弹性性能发生了明显改变的空间范围。该岩体带特点可表征为：与矿压破坏带相比，岩体破坏程度相对较小，岩石的弹性性能尚未完全丧失，岩石可视为仍处于弹性状态；受到采动影响，岩体内原有裂隙有了比较明显的扩展、发育，但未构成相互贯通；该岩体带在一定条件下能够阻隔水体导升，当裂隙上下贯通时才能形成突水通道。

3. 原始损伤带

原始损伤带为第Ⅲ带(h_3)，可理解为煤层采动对岩体影响作用甚微，甚至可以忽略的岩层带，其岩石弹性性能保持原岩不变的空间范围。该带特点为：由于上不受矿山压力影响（或甚微）、下不直接接触承压水，故岩体的力学性质未发生变化，仍保持原有的弹性性能；且岩体内原有节理、裂隙未发生扩展、演化，则该带具有较强（原有）的隔水能力；若要形成突水通道，承压水必须破坏岩体进行导升。

4. 原始导高带

原始导高带为第Ⅳ带(h_4)，是指承压水已经沿此进行导升，但岩体不受矿山压力影响的空间范围。原始导高带可视为和承压水导升带一样，因承压水源的各种物理、化学作用，岩石处于弹塑性、塑性状态，岩体内裂隙发育不均，岩层已失去相应的阻隔水能力，承压水已在此带内形成突水通道。

依据采场底板"下四带"理论，由上述分析可知，完整底板内形成突水通道、发生突水的判据为

$$h_2 = h_3 = 0 \text{ 或 } h_2 = 0，\text{且 } p > (1-D)\sigma \tag{2.2}$$

式中，p 为水压；D 为底板损伤变量；σ 为损伤带内岩体抗压强度。

2.1.3　递进导升学说

20 世纪末，煤炭科学研究总院西安分院王经明在"下三带"理论的基础上，通过现场实测和实验室相似材料模拟，发现承压水的导升高度会发生变化，提出承压水"递进导升"的突水机理。

该学说可理解为：承压水在底板岩层下部存在着一定高度的天然导升，在煤层开采过程中，在水压和采矿活动(二次应力)的共同作用下，承压水沿底板裂隙递进地向上入侵，当导升到底板破坏区时便发生突出。

依据"递进导升"学说，突水通道是承压水在采动过程中不断向上导升至底板破坏区域时形成的，故突水判据为

$$h_0 + h_1 + \Delta h \geqslant H \tag{2.3}$$

式中，h_0 为底板破坏深度；h_1 为承压水原始导升高度；Δh 为承压水递进导升高度；H 为底板岩层厚度。

并且，若 $h_0 + h_1 = H$ 时，称为原始导升突水；若 $h_0 + h_1 > H$ 时，称为超越导升突水。

综上所述，无论哪种理论学说，针对完整底板突水问题，可分析得知采动破坏深度与承压水对底板作用下的导升高度之和大于底板隔水层厚度时则发生突水事故；即，突水通道的形成是由采动破坏带与高压水对底板作用下的导升带沟通所致。但是，上述理论往往只考虑或重视了采动对底板的破坏或导致承压水的导升，针对承压水对底板的作用，尤其是水压较大的情况下，底板岩层的破坏失稳与承压水的导升需进行深入研究。

2.2　底板采动破坏特征

煤层开采以后，采动使得顶底板岩体应力重新分布，形成新的应力场。根据现场实测位移可反求出岩体的力学参数，通过这种对采场底板位移的反分析可进一步求得采场底板的应力场分布规律，某矿采场底板应力场如图 2.3 和图 2.4 所示，这种方法求得应力场更能反映岩体的实际状态。

在这种新的底板应力场作用下，可能引起小型构造活动，造成底板岩层中原生节理、裂隙的扩展或萌生、发育，导致采动底板岩层的破坏。针对煤矿开采引起底板岩层的破坏，1995 年，高延法、沈光寒提出 "底板影响破坏深度"的概念。底板影响破坏深度的准确预计和测量将为承压水上煤层安全开采提供依据。煤层采动引起的底板破坏深度可通过现场实测、经验公式等方法进行确定与预计。

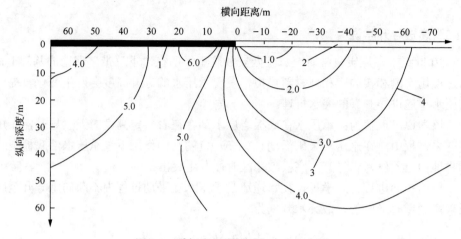

图 2.3　采场底板岩层垂向应力分布图

1. 煤层；2. 采空区；3. 应力值（单位：MPa）；4. 垂向应力等值线

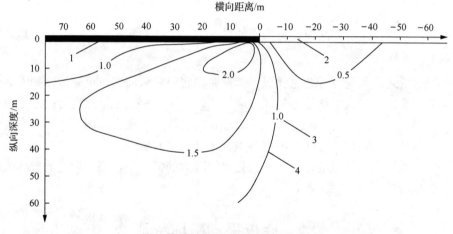

图 2.4　采场底板岩层剪应力分布图

1. 煤层；2. 采空区；3. 剪应力（单位：MPa）；4. 应力等值线

2.2.1　破坏深度影响因素与特征

通过现场探测得到底板采动破坏深度的结果，在此基础上进行分析则容易获得最为准确掌握采动底板的破坏规律。目前常用的现场实测的方法主要采用物探法和注水法。物探法主要有声波、电磁波等测试方法，其原理是依据观测参量在开采前后的变化判断底板岩层的破坏深度。钻孔注水测试（注水法）即是在采场底板不同深度进行低压注水，观测开采前后水量的变化情况，以确定底板破坏深度。

据统计，不同开采条件底板破坏深度各不相同，典型矿区底板破坏带深度如表 2.1 所示。从表中数据可以看出，煤层倾角、采厚、工作面斜长、采深以及地质条件等均对底板破坏深度产生影响。分析发现,采深、煤层倾角、工作面斜长、采厚与底板破坏深度呈同一趋势变化;前者增大,后者也随着增大。同时,矿井水文地质条件(断层、岩性、承压水)也对底板破坏深度产生一定影响。通过山东科技大学自主研制的钻孔双端封堵测漏装置(图 2.5),对济北矿区深部开采矿井底板破坏深度情况进行了探测。

表 2.1　典型矿区工作面底板破坏带深度

序号	工作面地点	地质采矿条件					破坏带深度 /m
		采深/m	煤层倾角/(°)	采厚/m	工作面斜长/m	有无断层	
1	峰峰四矿 4804 面	110	12.0	1.40	100	无	10.70
2	邯郸王凤矿 1930 面	118	18.0	2.50	80	无	10.00
3	邯郸王凤矿 1830 面	123	15.0	1.10	70	无	7.00
4	邯郸王凤矿 1951 面	123	15.0	1.10	100	无	13.40
5	峰峰三矿 3707 面	130	15.0	1.40	135	无	12.00
6	峰峰二矿 2701 面 1	145	16.0	1.50	120	无	14.00
7	峰峰二矿 2701 面 2	145	15.5	1.50	120	有	18.00
8	肥城曹庄矿 9203 面	148	18.0	1.80	95	无	9.00
9	霍县曹村 11-014 面	200	10.0	1.60	100	无	8.50
10	肥城白庄矿 7406 面	225	14.0	1.90	130	无	9.75
11	井陉三矿 5701 面 1	227	12.0	3.50	30	无	3.50
12	井陉三矿 5701 面 2	227	12.0	3.50	30	有	7.00
13	马沟梁矿 1100 面	230	10.0	2.30	120	无	13.00
14	鹤壁三矿 128 面	230	26.0	3.50	180	无	20.00
15	邢台矿 7802 面	259	4.0	3.00	160	无	16.40
16	淄博双沟矿 1208 面	287	10.0	1.00	130	无	9.50
17	澄合二矿 22510 面	300	8.0	1.80	100	无	10.00
18	淄博双沟矿 1204 面	308	10.0	1.00	160	无	10.50
19	新庄孜矿 4303 面 1	310	26.0	1.80	128	无	16.80
20	新庄孜矿 4303 面 2	310	26.0	1.80	128	有	29.60
21	邢台矿 7607 窄面	320	4.0	5.40	60	无	9.70
22	邢台矿 7607 宽面	320	4.0	5.40	100	无	11.70
23	吴村煤矿 3305 面	327	12.0	2.40	120	无	11.70
24	吴村煤矿 32031 面 1	375	14.0	2.40	70	无	9.70
25	吴村煤矿 32031 面 1	375	14.0	2.40	100	无	12.90
26	井陉一矿 4707 小面 1	400	9.0	7.50	34	无	8.00
27	井陉一矿 4707 小面 2	400	9.0	4.00	34	无	6.00
28	井陉一矿 4707 大面	400	9.0	4.00	45	无	6.50
29	新汶华丰矿 41303 面	560	30.0	0.94	120	无	13.00

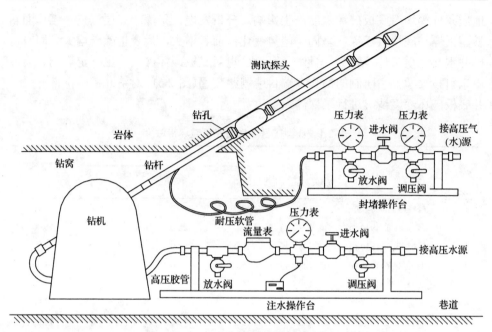

图 2.5　钻孔双端封堵测漏装置

探测工作原理是：利用装置两端的胶囊，将钻孔封堵住，然后向封堵段钻孔注水，测量封堵段钻孔水的漏失量，从而确定该段岩体内部裂隙发育状况和岩体围岩破坏深度。

资料研究及对深部开采不同矿井的不同工作面探测结果分析表明：采深对底板破坏深度影响显著，深部开采底板破坏深度比浅部明显增大；当采深为 700～900m 时，矿区底板破坏深度在 22～35m，当采深超过 1000m，底板破坏深度最大甚至达到 38m。

2.2.2　破坏深度预计

根据底板岩层采动下的变形破坏规律，参考全国不同矿区现场实测资料，可优选出与采场底板影响破坏深度密切相关的四个主要影响因素：①开采深度；②煤层倾角；③工作面斜长；④底板岩层坚固性系数。

根据各影响因素与底板影响破坏深度之间的趋势规律特征，建立方程：

$$h = A_1 H + B_1 \alpha + C_1 L + D_1 F \tag{2.4}$$

式中，h 为采动底板岩层破坏深度，m；L 为工作面斜长，m；H 为开采深度，m；F 为底板岩层坚固性系数，即普氏系数；α 为煤层倾角，(°)；A_1、B_1、C_1、D_1 为常量。

结合现场探测到的相关数据结果，对非线性方程进行数据回归计算，可求得相关常量 A_1、B_1、C_1、D_1，将其带入式 (2.4) 可得采动底板岩层破坏深度的预计公式：

$$h = 0.00911H + 0.0448\alpha - 0.3113F + 7.9291\ln\left(\frac{L}{24}\right) \tag{2.5}$$

此外，《建筑物、水体、铁路及主要井巷煤柱留设与压煤开采规程》中也给出了计算底板采动破坏深度的公式：

$$h = 0.0085H + 0.1665\alpha + 0.1079L - 4.3579 \tag{2.6}$$

由式 (2.5)、式 (2.6) 分析可知，四个因素中，对底板破坏深度影响最大的是工作面斜长，其次是采深和底板岩性，煤层倾角影响相对较小。

底板破坏深度预计公式，只是考虑了开采条件中的部分因素，但对矿压、水压等因素对底板岩层影响破坏的情况，尤其在深部条件下，缺少明确的认识与分析。

2.2.3　矿山压力影响下底板破坏深度

完整底板岩层的破坏往往是由于岩石内部裂隙扩展、相互贯通造成的，岩石中裂隙相互贯通的基本方式有三种：岩桥剪切型破坏、岩桥拉张型破坏和岩桥拉剪复合型破坏。矿山压力对底板岩层的破坏主要表现为拉剪复合的作用，那么底板破坏时裂隙贯通方式应为岩桥的拉剪复合型破坏，岩桥的贯通强度为

$$\sigma_t = \frac{h\sigma_0(\sin\alpha + f_r\cos\alpha) - 4lC_r + B\sigma_3}{A} \tag{2.7}$$

式中，σ_0 为岩石的单轴抗拉强度；C_r 为岩石的黏结力；f_r 为岩石的摩擦系数；σ_3 为岩石的主应力；l 为裂纹扩展长度；α 为裂纹断部连线与垂直方向的夹角；A、B 为计算系数。

根据"下四带"理论，底板岩层受开采活动的影响，将出现矿压破坏带。当煤层采动后，煤壁支承压力重新分布，根据矿山压力控制理论，支承压力与采深变化规律为

$$\sigma_z = K_{max}\gamma He^{-0.0167z} \tag{2.8}$$

式中，σ_z 为支持压力；K_{max} 为矿山压力最大集中系数；H 为开采深度；γ 为覆岩重力密度；z 为深度。

将 $\sigma_z = \sigma_t$ 及式 (2.7) 带入式 (2.8)，可得矿山压力作用下底板破坏深度的理论

计算公式为

$$h = 59.88\ln\frac{K_{max}\gamma H}{\sigma_t} \quad (2.9)$$

2.3 高水压作用下采动底板受力分析

2.3.1 深部开采高水压与突水特征

深部开采水文地质条件更为复杂，断层、褶曲等地质构造发育较多，在煤层开采活动影响下，各类地质构造容易出现活化导水，进一步增大了水源的活动空间和范围。采深越大，围岩地应力越大，那么岩体受到采动影响下，原生节理、裂隙的发育、扩展程度增大，同时萌生裂隙也随着增多。随着裂隙不断萌生、相互贯通，承压水在孔隙间的渗透性、流动性逐渐增强。构造、裂隙的活化与扩展，很大程度上使得深部各水体间水力联系更为密切，含水层的富水性增强，进而使采场底板的侵蚀破坏范围产生显著变化。

一般情况下，水压与埋深成正比例关系，随着采深的不断增大，底板所承受的水压大小也随之增大，突水的概率也就越大。尤其是进入深部开采，具有特殊的地质力学环境，岩溶水压持续升高。当煤层埋深超过 1000m 时，其下部所受水压将高达 10MPa（如河南马陵山井田），有时甚至更高。深部开采条件下，这种高水压对岩体裂隙扩展与演化和完整底板隔水层破坏断裂的影响作用越发明显。

深部开采承压水具有水压大、补给广、温度高、流动性强、径流条件复杂、水岩作用时间长等特点，决定了其影响作用显著，且水压变化导致对底板突水的特征、过程、位置、水量等也不相同，不同矿区底板突水特征如表 2.2 所示。

表 2.2 不同矿区底板突水特征

序号	矿区	水压大小 /MPa	隔水层性质		突水特征	
			厚度/m	岩性	位置	过程
1	焦作中马村矿	2.5	20		煤巷掘进头	由底臌、渗水变为突水量1080m³/h
2	淮南谢一矿	2.0	30	细砂岩	采区底板	水量由60m³/h增至1085m³/h
3	焦作九里山矿	2.8	7		皮带上山	巷道底臌、围压增大；突水量最大至3226m³/h，后稳定至1980m³/h
4	焦作朱村矿	2.1	8		掘进头	放炮采掘，底臌出水，后突水量大增
5	肥城大封矿	1.26	16.5	泥、砂岩	工作面	推进至38m，底臌来压；水量最大2628m³/h，稳定后水量1661m³/h
6	焦作演马庄矿	1.5	15		工作面	底臌0.8m，中段先出现突水点

续表

序号	矿区	水压大小/MPa	隔水层性质		突水特征	
			厚度/m	岩性	位置	过程
7	峰峰二矿	2.9	40		工作面	底臌 0.4m,由裂隙渗水变为 865m³/h
8	淮北杨庄矿	3.11	44.3		工作面	推进 60m,突水量最大至 3153m³/h
9	开滦赵各庄矿	6	110		巷道	采动滞后型突水,最大水量 3262m³/h
10	淄博夏庄矿	5.19	55.9		工作面	推进 70m,最大水量 4006m³/h
11	济宁杨庄矿	1.28	27.36	泥、砂岩	轨中巷道	底臌、底板多处产生裂隙并出水
12	肥城陶阳矿	1.42	25.7	砂岩	工作面	工作面随推进距离增大,突水量渐增
13	开滦范各庄矿	4.1		砂岩	工作面	底板多裂隙,最大水量 3582m³/h
14	新汶协庄矿	2.0	30	砂页岩	回采面	煤壁附近出现裂缝,底板出水点多
15	平顶山八矿	3.3	30	砂岩	巷道	底板两次底臌;水头射向顶板,水温36℃,最大水量 4300m³/h

2.3.2 高水压影响下底板破坏力学模型

当矿井工作面开采后,煤层顶底板的应力重新分布,如图 2.6 所示,煤层底板受到矿山压力、高承压水的影响破坏,已丧失了部分阻隔水能力,在没有特殊地质构造的情况下,矿井是否发生底板突水,将主要取决于完整岩石带的厚度、岩性以及阻隔水与承载性能。若存在地质构造,由于现场底板岩层皆为组合层状复杂结构,水源如何突破完整岩石界面的约束成为是否导通突水的关键。深部开采条件下底板破坏带深度较大、高承压水导升能力较强,因此研究完整岩石带受到的力学作用是分析底板破坏的关键。

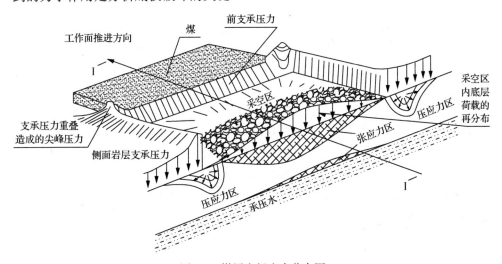

图 2.6 煤层底板应力分布图

当缓倾斜或近水平煤层采用长壁式开采方式时，在正常开采条件下，工作面斜长一般为 150～200m，由于工作面较长，上下顺槽边界对工作面中间部分力学影响相对较小，取工作面斜长中间平面作为研究对象，故可视为平面问题进行研究，如图 2.7 所示。

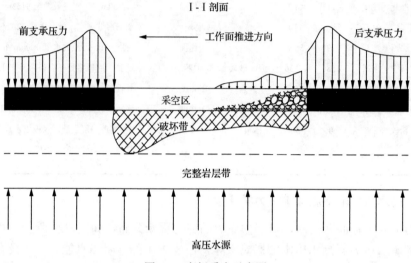

图 2.7　底板受力示意图

针对煤层底板破断问题，由于薄板与岩梁结构稳定性的不同，根据经验，若以薄板问题进行研究，底板破坏的最小断距将大于采用岩梁结构考虑时的最小断距。因此，将完整岩石带视为岩梁问题，采用弹性力学进行研究探讨，将得出更为有利的结果。

矿井进入深部开采，底板承压水水压甚至高达十几兆帕，力学作用不容忽视。但在以往的力学模型研究中，分析时往往未考虑或忽略高水压的作用；同时，建立的底板完整岩层带的力学模型，受力因素考虑不充分，容易孤立对待，缺少围岩对底板完整岩层带的约束作用。因此，在分析采场底板受力时，下部考虑水压力学作用，左右边界加入约束力偶及约束反力，建立采场底板力学模型如图 2.8 所示。图中，F_{NO} 为左端面水平方向的约束反力；F_{NL} 为右端面水平方向的约束反力；F_{RO} 为左端面竖直方向的约束反力；F_{RL} 为右端面竖直方向的约束反力；M_O 为左端面约束力偶；M_L 为右端面约束力偶；$q_1 = f_1(x)$ 为高水压作用荷载；$q_2 = f_2(x)$ 为顶板垮落岩石作用荷载；F_y 为底板岩石体力；L 为工作面推进距离；l 为顶板岩石垮落距采面距离。

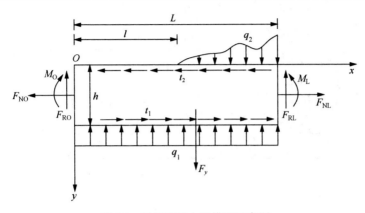

图 2.8　采场底板力学模型示意图

根据此力学模型，可计算出较为复杂情况下的底板真实受力情况，考虑求解函数及其结果的复杂性，不利于探寻分析高压水作用下的采场底板破坏规律，因此，在不影响最终结果的情况下，可对此模型的边界条件进行进一步简化分析。

由于底板破坏带的岩石已经破坏，则只需分析完整岩石带的受力情况。完整岩石带的力学模型可简化视为左右端面施加约束力偶的弹性简支梁。上部底板破坏带只考虑其岩石自重形成的向下均布载荷 q_0；同时，在工程实际中，老顶垮落岩石对采场底板的作用载荷，远小于高承压水作用力，故可以忽略不计；高压水的作用力在底板不同位置影响差距不大，可视为向上的均布载荷 p_0；对力学模型进一步简化，设 $F_{NO}=0$，$F_{NL}=0$，又 $q_2=f_2(x)=0$，则 $F_{RO}=F_{RL}=qL/2$，且可设 $M_O=M_L=M$，即可得完整岩石带的力学模型如图 2.9(a) 所示，其中 F_y 为底板完整岩石带体力。

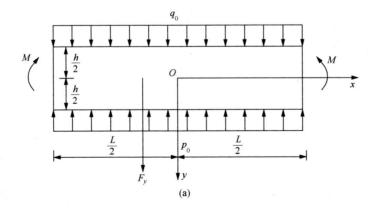

(a)

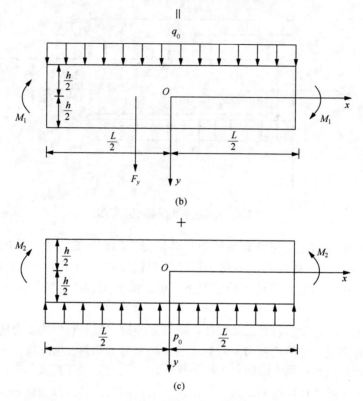

图 2.9　采场底板简化力学模型示意图

2.3.3　力学模型解析

　　根据材料力学知识，简化后的力学模型可认为是简支梁受左、右两端力偶和均布载荷情况下的三种力学模型的叠加，由两端端面转角 $\theta_A = \theta_B = 0$，则有 $\dfrac{qL^3}{24EI} - \dfrac{ML}{3EI} - \dfrac{ML}{6EI} = 0$，即可得 M 大小为 $\dfrac{qL^2}{12}$，EI 为抗弯钢度。

　　运用弹性力学相关知识，将此平面问题采用应力进行求解。针对图 2.9(a) 力学模型，由于上下两端面的作用力不同，则边界条件及作用力偶也不同，可分步得出上下两个作用力单独作用下的应力分量，而后进行叠加得出真实应力分量。在上部载荷 q_0 单独作用下，如图 2.9(b) 所示，设左右端面左右力偶为 M_1，选取应力函数 U 为：

$$U = \frac{A}{6}y^3 + \frac{B}{6}x^2y^3 - \frac{C}{2}x^2y + Dx^2 + \frac{E}{24}x^4y - \frac{(4B+E)}{120}y^5 \tag{2.10}$$

对其进行二次偏导求得相应的应力分量为

$$
\left.
\begin{aligned}
\sigma_x' &= \frac{\partial^2 U}{\partial^2 y} = Ay + Bx^2 y - \frac{(4B+E)}{120} y^3 \\
\sigma_y' &= \frac{\partial^2 U}{\partial x^2} = \frac{B}{3} y^3 - Cy + D + \frac{E}{2} x^2 y \\
\tau_{xy}' &= -\frac{\partial^2 U}{\partial x \partial y} = -Bxy^2 + Cx - \frac{E}{6} x^3 - F_y x
\end{aligned}
\right\}
\tag{2.11}
$$

式中，F_y 为底板岩石体力，$F_y = \rho g$，其中，ρ 为密度，g 为重力加速度。此时上下两端面的边界条件为

$$
\left.
\begin{aligned}
(\sigma_y')_{y=-\frac{h}{2}} &= -q_0, \ (\tau_{xy}')_{y=-\frac{h}{2}} = 0 \\
(\sigma_y')_{y=\frac{h}{2}} &= 0, \ (\tau_{xy}')_{y=\frac{h}{2}} = 0
\end{aligned}
\right\}
\tag{2.12}
$$

将式 (2.11) 应用至式 (2.12) 可得

$$
\left.
\begin{aligned}
-\frac{B}{24} h^3 + \frac{C}{2} h + D - \frac{E}{4} x^2 h &= -q \\
\frac{B}{24} h^3 - \frac{C}{2} h + D + \frac{E}{4} x^2 h &= 0 \\
-\frac{B}{4} xh^2 + (C - \rho g)x - \frac{E}{6} x^3 &= 0
\end{aligned}
\right\}
\tag{2.13}
$$

进而可解之得

$$
B = -\frac{6\rho g}{h^2} - \frac{6q_0}{h^3}, \quad C = -\frac{\rho g}{2} - \frac{3q_0}{2h}, \quad D = -\frac{q_0}{2}, \quad E = 0
\tag{2.14}
$$

再根据左右两端边界条件，即

$$
\left.
\begin{aligned}
\int_{-\frac{h}{2}}^{\frac{h}{2}} (\sigma_x)_{x=\pm\frac{L}{2}} \mathrm{d}y &= 0 \\
\int_{-\frac{h}{2}}^{\frac{h}{2}} y(\sigma_x)_{x=\pm\frac{L}{2}} \mathrm{d}y &= M_1 = -\frac{q_0 L^2}{12}
\end{aligned}
\right\}
\tag{2.15}
$$

将式 (2.11) 第一式应用至式 (2.15)，显然第一式成立，第二式为

$$
\int_{-\frac{h}{2}}^{\frac{h}{2}} Ay^2 - \left(\frac{6\rho g}{h^2} + \frac{6q_0}{h^3}\right) \frac{L^2}{4} y^2 + \frac{2}{3} \left(\frac{6\rho g}{h^2} + \frac{6q_0}{h^3}\right) y^4 \mathrm{d}y = -\frac{q_0 L^2}{12}
\tag{2.16}
$$

可求得

$$A = 3\left(\rho g + \frac{q_0}{h}\right)\left(\frac{L^2}{2h^2} - \frac{1}{5}\right) - \frac{q_0 L^2}{h^3} \tag{2.17}$$

将式所求参数带入式 (2.11)，可得

$$\sigma'_x = \left[3\left(\rho g + \frac{q_0}{h}\right)\left(\frac{L^2}{2h^2} - \frac{1}{5}\right) - \frac{q_0 L^2}{h^3}\right]y - \frac{6}{h^2}\left(\rho g + \frac{q_0}{h}\right)x^2 y + \frac{4}{h^2}\left(\rho g + \frac{q_0}{h}\right)y^3$$

$$\sigma'_y = -\frac{2}{h^2}\left(\rho g + \frac{q_0}{h}\right)y^3 + \frac{1}{2}\left(\rho g + \frac{3q_0}{h}\right)y - \frac{q_0}{2}$$

$$\tau'_{xy} = \frac{6}{h^2}\left(\rho g + \frac{q_0}{h}\right)xy^2 - \frac{3}{2}\left(\rho g + \frac{q_0}{h}\right)x$$

$$\tag{2.18}$$

在不计体力 F_y 的情况下，如图 2.9 (c) 所示，用相同函数可求得下部载荷 p_0 单独作用下（设此时左右端面左右力偶为 M_2），应力分量为

$$\sigma''_x = \frac{12}{h^3}\left(\frac{p_0 h^2}{20} - \frac{p_0 L^2}{24}\right)y - \frac{6p_0}{h^3}x^2 y - \frac{4p_0}{h^3}y^3$$

$$\sigma''_y = -\frac{p_0}{2}\left(1 - \frac{y}{h}\right)\left(1 + \frac{2y}{h}\right)^2 \tag{2.19}$$

$$\tau''_{xy} = \frac{6p_0}{h^3}x\left(\frac{h^2}{4} - y^2\right)$$

由式 (2.18) 与式 (2.19) 进行叠加，可得到图 2.9 (a) 力学模型条件下的应力分量式：

$$\sigma_x = \left[\frac{L^2}{2h^3}(3\rho g h - q_0 - p_0) + \frac{1}{5h}(3p_0 - q_0 - 3\rho g h)\right]y + \frac{6x^2 y}{h^3}(p_0 - q_0 - \rho g h)$$

$$+ \frac{4y^3}{h^3}(\rho g h + q_0 - p_0)$$

$$\sigma_y = \frac{2y^3}{h^3}(p_0 - q_0 - \rho g h) + \frac{y}{2h}(\rho g h + 3q_0 - 3p_0) - \frac{p_0 + q_0}{2}$$

$$\tau_{xy} = \frac{6x}{h^3}(p_0 - q_0 - \rho g h)\left(\frac{h^2}{4} - y^2\right)$$

$$\tag{2.20}$$

2.4　高水压底板破坏判据及突水危险性力学分析

根据推导出的采场底板受高压水作用下的应力分量式，可运用相关准则分析完整底板岩石破坏情况，进而得出底板完整岩石带破坏的判据。依据底板破坏的判据可分析出当完整岩石带厚度一定的情况下，工作面推进距离与底板破坏的对应关系。采场底板的影响破坏情况与底板完整岩石的力学性质具有直接关系，通过力学参数的推导判断可定量分析底板岩性及其组合方式对底板破坏的影响；同时根据完整岩石带的简支梁的最大力矩位置，可研究分析底板突水的位置及突水通道形成的有利途径。

2.4.1　底板破坏判据

根据弹性力学知识，可知最大主应力、最大剪应力公式为

$$\begin{aligned}\sigma_{\max} &= \frac{\sigma_x + \sigma_y}{2} + \sqrt{\left(\frac{\sigma_x - \sigma_y}{2}\right)^2 + \tau_{xy}^2} \\ \tau_{\max} &= \sqrt{\left(\frac{\sigma_x - \sigma_y}{2}\right)^2 + \tau_{xy}^2}\end{aligned} \tag{2.21}$$

只考虑高水压影响，忽略底板破坏带及完整岩石带岩体自重时，即 $q_0 = 0$，$\rho g h = 0$，可得

$$\left.\begin{aligned}\sigma_x &= \left(\frac{3p_0}{5h} - \frac{L^2 p_0}{2h^3}\right)y + \frac{6x^2 y}{h^3}p_0 - \frac{4y^3}{h^3}p_0 \\ \sigma_y &= \frac{2y^3}{h^3}p_0 - \frac{3y}{2h}p_0 - \frac{p_0}{2} \\ \tau_{xy} &= \frac{6xp_0}{h^3}\left(\frac{h^2}{4} - y^2\right)\end{aligned}\right\} \tag{2.22}$$

将式 (2.22) 带入式 (2.21)，化简可得

$$\begin{aligned}\sigma_{\max} = \frac{p_0 y}{2h^3}&\left[\left(-\frac{L^2}{2} - \frac{3h^2}{5} + 6x^2 - 2y^2 - \frac{h^3}{y}\right)\right. \\ &\left. + \sqrt{\left(-\frac{L^2}{2} - \frac{12h^2}{5} + 6x^2 - 6y^2 + \frac{h^3}{2y}\right)^2 + \left[\frac{12x}{y}\left(\frac{h^2}{4} - y^2\right)\right]^2}\right]\end{aligned}$$

$$\tau_{max} = \frac{p_0 y}{2h^3} \sqrt{\left(-\frac{L^2}{2} - \frac{12h^2}{5} + 6x^2 - 6y^2 + \frac{h^3}{2y}\right)^2 + \left[\frac{12x}{y}\left(\frac{h^2}{4} - y^2\right)\right]^2} \tag{2.23}$$

依据岩石强度准则，当岩体受到主应力大于其极限抗拉强度 R_t 时，将因受拉破坏而失稳；当岩体受到主应力大于其极限抗压强度 R_c 时，将因受压破坏而失稳；当岩石承受的最大剪应力达到其单轴压缩或单轴拉伸极限抗剪强度 R_s 时，岩石便被剪切破坏。一般情况下，岩石的抗拉强度远小于抗压强度，那么岩石发生破坏时，则有

$$\begin{aligned} \sigma_{max} &\geqslant R_t \\ \tau_{max} &\geqslant R_s \end{aligned} \tag{2.24}$$

即底板发生破坏的判据为

$$\frac{p_0 y}{2h^3}\left[\left(-\frac{L^2}{2} - \frac{3h^2}{5} + 6x^2 - 2y^2 - \frac{h^3}{y}\right)\right.$$
$$\left. + \sqrt{\left(-\frac{L^2}{2} - \frac{12h^2}{5} + 6x^2 - 6y^2 + \frac{h^3}{2y}\right)^2 + \left[\frac{12x}{y}\left(\frac{h^2}{4} - y^2\right)\right]^2}\right] \geqslant R_t$$

$$\frac{p_0 y}{2h^3}\sqrt{\left(-\frac{L^2}{2} - \frac{12h^2}{5} + 6x^2 - 6y^2 + \frac{h^3}{2y}\right)^2 + \left[\frac{12x}{y}\left(\frac{h^2}{4} - y^2\right)\right]^2} \geqslant R_s \tag{2.25}$$

当采场底板岩性不同时，则底板岩石的抗拉极限强度和抗剪强度不同，由式(2.24)可知，底板发生破坏的方式也不同。

(1)若采场底板为单一岩性岩层。当完整岩石带岩石性质具有较大抗拉强度，那么当满足式(2.25)第二式时，底板容易因剪切破坏而发生突水；当完整岩石带岩性具有较大抗剪强度，当满足式(2.25)第一式时，则底板容易发生拉断破裂而发生突水。

(2)若采场底板岩层为不同岩性组合。由式(2.23)可得出采场底板最大有效剪应力分布图，如图 2.10 所示。

由图 2.10 中可以得知，自上而下剪应力逐渐增大。若把岩性组合作为一个整体岩梁结构分析时，则下部岩层受到的剪切应力较大。因而，当下部岩层抗剪极限强度较大时，相对开采比较安全；反之，当下部岩层抗剪极限强度较小时，那么下部岩石容易受到剪切破坏，破坏裂隙将进一步向上扩展，不利于完整岩石带的稳定，有利于承压水向上导升，采场底板发生突水的可能性将进一步增大。

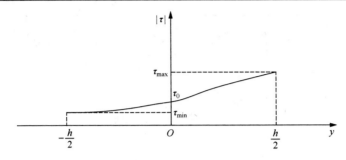

图 2.10 底板完整岩石带最大有效剪应力分布图

另外，考虑高压水的力学作用，将在底板两端产生一个力偶 M，此力偶的作用使得煤层底板向上弯曲，力偶的大小与水压和控顶距成正比。根据弹性力学知识，梁的弯曲挠度 $\omega = -\iint \dfrac{M(x)}{EI}\mathrm{d}x\mathrm{d}x + C_1 x + C_2$，与弹性模量和厚度成反比，即：岩层厚度越大、岩性越硬，弯曲挠度越小；反之，岩层厚度越小，岩性越软，弯曲挠度越大。若弯曲挠度越大，则底板岩层将产生离层裂隙，则不利于岩层稳定。

因此，当采场底板完整岩石带自上而下为软硬组合时，随着工作面的不断推进，下部硬岩层受高水压作用向上弯曲，因岩层极限弯曲挠度较小，将产生拉破坏；上部软岩层向上产生弯曲，使底板产生底臌，进而岩层之间产生离层裂隙，利于高压水的进一步导升及突水通道的形成，故此种岩性组合方式最不利于承压水上安全开采。

当采场底板完整岩石带自上而下为硬软组合时，由于高压水的作用力主要作用在下部岩层，而下部软岩层具有较大的弯曲挠度，所以不易产生断裂和岩层裂隙。同时上部硬岩层不受高压水直接作用，所以不易完成弯曲破坏(拉应力破坏)，故此种岩性组合方式相对煤层底板不易产生突水。

采场底板岩层无论以哪种方式产生破坏，都能说明岩石达到了其极限强度，为保证开采活动的安全，防止底板产生裂隙而演化成突水通道，可以采取注浆改造底板的方法。注浆改造后的岩体，在岩石强度和变形模量等力学性质上能得到改善，也能提高围岩的自身承载能力，从而使岩层本身极限抗剪强度 R_s、极限抗拉强度 R_t 得到提高，降低了突水的概率。同时不同岩性组合的岩层之间黏结力增强，使得力学模型中简支梁的 h 变大，根据式(2.20)、式(2.23)可知，相同条件下，岩层受到的 $\sigma_{\max}$、$\tau_{\max}$ 将减小，则有效提高了承压水上开采的安全性。

2.4.2 工作面推进危险性分析

针对特定地质条件，采场底板厚度一定，当工作面推进到一定程度，使得完整底板岩石受到的最大剪应力、最大主应力等于岩体本身抗拉或抗剪强度时，即式(2.24)成立，则由式(2.25)推导出，此时控顶距 L 为

$$L_\sigma = \sqrt{12x^2 + \frac{9h^2}{5} - 8y^2 - \frac{h^3}{2y^2} - \frac{2R_t h^3}{p_0 y} - \left[\frac{12x}{y}\left(\frac{h^2}{4} - y^2\right)\right]^2 \left(\frac{2R_t h^3}{p_0 y} + 3h^2 - 4y^2 - \frac{3h^3}{2y^2}\right)^{-1}}$$

$$L_\tau = \sqrt{12x^2 + \frac{6h^2}{5} - 8y^2 - \frac{4y^2}{p_0 y}\sqrt{R_s^2 - \left[\frac{6xp_0}{h^3}\left(\frac{h^2}{4} - y^2\right)\right]^2}}$$

$$(2.26)$$

当 $L > L_\sigma$ 时，底板发生拉张破坏；当 $L > L_\tau$ 时，底板发生剪切破坏。

此时，工作面处于危险状态，继续向前推进，底板完整岩石带将发生破断，形成导水裂隙并进一步演化为突水通道，诱发煤层底板发生突水。

由式(2.26)也可看出，L 与 h 具有相同趋势，与 p_0 成反比例趋势。那么，采场底板完整岩石带厚度 h 越大，工作面推进安全距离相对越大。反之，采场完整岩石带厚度 h 越小，工作面推进安全距离相对越小。高压水源的水压力越大，工作面向前推进危险性越大，水压力越小，则采场控顶距越大，承压水上开采越安全。

此外，上述分析结果是建立在没有考虑顶板垮落或顶板垮落岩石量可忽略不计的条件下的，若考虑顶板垮落及采空区老顶周期来压情况，则高水压对完整岩石带产生的向上作用影响将会减小，即式(2.26)中 p_0 变小。那么 L 将变大，即工作面推进安全距离变大。

另外，如图 2.8 所示，由于周期来压使得顶板进一步垮落，q_2 增大，采空区岩石逐渐密实，形成底板应力恢复期，这也必将使得工作面推进安全距离变大。由此进一步分析，若采场底板控顶距 L 未到达到 L_σ、L_τ 时，采场便有周期来压，使得顶板反复冒落，并且采空区后方逐渐压实，底板能够逐渐恢复，那么采场底板有效控顶距 L 相对减小，则距 L_σ、L_τ 的距离变大，底板就不会发生破坏，如此反复，工作面则一直处于安全状态。因此，此类型开采矿井虽受承压水威胁，存在突水的可能性，但受到矿压的作用影响，实际开采过程中将不会发生底板突水事故。

2.4.3 底板突水通道形成机理分析

由图 2.9 力学模型，分析得知完整底板岩层带受到高压水等共同作用下的弯矩如图 2.11 所示。

由图 2.11 可看出，上端面中间位置 a 点，下端面左右两边位置 b 点、c 点所受到的弯矩最大，产生的拉应力最大，因此可分析此三点位置易先产生破坏。

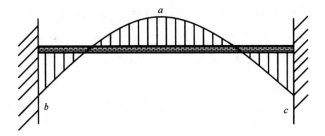

图 2.11　底板完整岩石带所受弯矩图

分析 a 点受力，将 a 点坐标 $x=0, y=-h/2$ 带入式 (2.19) 得 $\tau_{xy}=0$，则由式 (2.21) 可得 $\sigma_{\max}=\sigma_x$，$\tau_{\max}=(\sigma_x-\sigma_y)/2$，即可求得 a 点受到的拉应力 σ_a、剪应力 τ_a 大小为

$$\sigma_a=\left[\frac{L^2}{2h^3}(3\rho gh-q_0-p_0)+\frac{1}{5h}(3p_0-q_0-3\rho gh)\right]\left(-\frac{h}{2}\right)+\frac{4}{h^3}(\rho gh+q_0-p_0)\left(-\frac{h}{2}\right)^3$$

$$=\frac{L^2}{4h^2}(p_0-q_0-3\rho gh)+\frac{1}{5}(p_0-2q_0-\rho gh)$$

$$\tau_a=\frac{L^2}{8h^2}(p_0-q_0-3\rho gh)+\frac{1}{10}(p_0+3q_0-\rho gh)$$

$$(2.27)$$

当 a 点受到拉应力大于岩石的抗拉强度时，即 $\sigma_a>R_t$，则底板岩石在 a 点发生拉张破坏；当 $\tau_a>R_s$，则底板岩石在 a 点发生剪切破坏。运用式 (2.27)，即得

$$R_t<\frac{L^2}{4h^2}(p_0-q_0-3\rho gh)+\frac{1}{5}(p_0-2q_0-\rho gh)$$

$$R_s<\frac{L^2}{4h^2}(p_0-q_0-3\rho gh)+\frac{1}{5}(p_0+3q_0-\rho gh)$$

$$(2.28)$$

由 b、c 两点受力情况相同，故以 c 点为例进行分析。同样，将 c 点坐标 $x=L/2, y=h/2$ 带入式 (2.20) 及式 (2.22) 可得 c 点受到的拉应力 σ_c、剪应力 τ_c 大小为

$$\sigma_c=\left(\frac{3L^2}{2h^3}-\frac{3L^2}{4h^2}+\frac{1}{5}\right)\rho gh+\left(\frac{4}{5}-\frac{L^2}{2h^3}+\frac{3L^2}{4h^2}\right)p_0-\left(\frac{L^2}{2h^3}+\frac{3L^2}{4h^2}+\frac{3}{5}\right)q_0$$

$$\tau_c=\left(\frac{3L^2}{4h^3}-\frac{3L^2}{8h^2}+\frac{1}{10}\right)\rho gh+\left(\frac{9}{10}-\frac{L^2}{4h^3}+\frac{3L^2}{8h^2}\right)p_0-\left(\frac{L^2}{4h^3}+\frac{3L^2}{8h^2}+\frac{3}{10}\right)q_0$$

$$(2.29)$$

当 b 点、c 点受到剪应力大于岩石的极限抗剪强度时，即 $\tau_c > R_s$，则底板岩石在 b 点、c 点发生剪切破坏；当 b 点、c 点受到的拉应力大于岩石的抗拉强度时，即 $\sigma_c > R_t$，则底板岩石在 b 点、c 点发生拉张破坏；运用式(2.29)，即得

$$
\begin{aligned}
R_t &< \left(\frac{3L^2}{2h^3} - \frac{3L^2}{4h^2} + \frac{1}{5}\right)\rho gh + \left(\frac{4}{5} - \frac{L^2}{2h^3} + \frac{3L^2}{4h^2}\right)p_0 - \left(\frac{L^2}{2h^3} + \frac{3L^2}{4h^2} + \frac{3}{5}\right)q_0 \\
R_s &< \left(\frac{3L^2}{4h^3} - \frac{3L^2}{8h^2} + \frac{1}{10}\right)\rho gh + \left(\frac{9}{10} - \frac{L^2}{4h^3} + \frac{3L^2}{8h^2}\right)p_0 - \left(\frac{L^2}{4h^3} + \frac{3L^2}{8h^2} + \frac{3}{10}\right)q_0
\end{aligned}
\tag{2.30}
$$

此时，由式(2.30)可反推导出 b 点、c 点破坏时极限水压力为

$$
\begin{aligned}
P_t &= \frac{Cq_0 - A\rho gh + R_t}{B} \\
P_s &= \frac{Cq_0 - A\rho gh + 2R_s}{B+1}
\end{aligned}
\tag{2.31}
$$

式中，P_t 为岩石抗拉破坏临界水压；P_s 为岩石剪切破坏临界水压；

$$
A = \frac{3L^2}{2h^3} - \frac{3L^2}{4h^2} + \frac{1}{5}; \quad B = \frac{4}{5} - \frac{L^2}{2h^3} + \frac{3L^2}{4h^2}; \quad C = \frac{L^2}{2h^3} + \frac{3L^2}{4h^2} + \frac{3}{5}
$$

由上述破坏判据及前面小节内容综合分析可知，煤层开采以后，采场底板受到下部高承压水向上水压力作用，使得底板岩层向上产生张力。随着工作面向前推进，控顶距 L 不断增大，底板有效隔水层(完整岩石带)上部受到拉破坏明显。

当满足式(2.28)条件时，有效隔水层(完整岩石带)上部中间位置(a 点)将首先破坏开裂，逐渐向下产生裂隙，因此在一定条件下煤层底板最先出现的突水点位置为采空区中部。由于开切眼处长期处于膨胀状态下，此处底板产生的张裂隙较多，故此位置附近将成为最有利的突水发生位置。同时，当满足式(2.31)条件时，有效隔水层(完整岩石带)下部开切眼及工作面下方位置(b 点、c 点)将发生破坏，由此向上产生裂隙，高压水源将首先沿此处向上进一步导升，此时承压水向上导升的临界水压为 P，大小即如式(2.31)所示。

随着工作面继续向前推进，控顶距 L 进一步加大，在高压水源的作用下采场底板完整岩石带弯曲变形、拉剪破坏、断裂，使得上部产生的裂隙逐渐向下延伸，下部开裂后裂隙进一步向上扩展演化，承压水逐步向上导升并加大影响范围，最终底板岩层内裂隙上下贯通，形成有利于高压水导升的突水通道，导致底板突水灾害的发生。

通过力学分析，在高水压作用下的采场底板，当控顶距过大时，前方煤壁和开切眼位置下方底板区域承压水将首先产生向上导升，随着工作面继续推进，将

在采空区中部形成突水通道。高水压的存在加剧了裂隙的不断演化与承压水的导升，因此存在结构面的底板将容易形成突水通道，这也解释了沿结构面突水是底板发生突水的主要类型。但由于现场底板岩层的复杂性，裂隙(结构面)的扩展或贯通是曲折的，往往先层向扩展再纵向突破，高压水如何破坏完整岩层界面向上突破是突水通道形成的关键，因此本章对完整底板岩石带的力学分析结果对现场底板突水研究具有重要意义。

总之，突水通道的形成机理可归结为由采动与高水压共同作用下造成底板裂隙不断演化、贯通而成，那么，突水通道形成与演化的主要特征可视为是底板裂隙的形成与演化特征和高压水在裂隙中的渗流特征两个方面。

第3章 节理裂隙岩体高水压渗流特性实验研究

前文述及，突水通道形成与演化的重要特征可表述为高压水在裂隙中的渗透特性。本章根据突水通道的形成与演化机理，围绕应力场、裂隙场对渗流场的影响作用，开展在节理裂隙岩体受三维应力条件下高压水在结构面中的渗流特性实验研究。

岩体是经过漫长的地质演化过程而形成的复杂结构体，由于地质构造运动的影响，其内部孕育了从微观(微裂纹)到细观(晶粒)再到宏观(节理面)的各种尺度的缺陷。这些地质缺陷的存在破坏了岩体的整体性，不仅大大改变了岩体的力学性质，也严重影响岩体的渗透特性。在各类岩体工程的建设和运营过程中，在开挖卸荷、渗流等因素的影响下，岩体中原有的微裂纹发育扩展出现宏观裂纹、裂缝造成岩体开裂甚至破碎，破碎岩体裂隙的渗透率要远比孔隙渗透率高，从而造成岩体工程渗透性质突变而引发重大灾害事故。大量工程实例表明：79.5%的矿井突水事故是由于断层等构造因采动活化而导致地下水渗流突变引起的。同样法国Malpasset拱坝的失事、隧道建设中因开挖而引起的涌水量升高甚至突水垮塌、核废料储存区域的泄漏等灾难性事故，也往往都是由于工程施工致使岩体裂隙损伤扩展形成突水通道和渗透性质恶化而造成的。

采场围岩应力场、渗流场和裂隙场变化所形成的导水通道是导通顶底板砂岩灰岩水、陷落柱和断层等常见突水致灾的根源，同时采动岩体结构动力学失稳与渗流突变是发生矿井突水的直接原因。煤体围岩中存在的节理裂隙端部受采动应力场、构造应力场和渗流场多场耦合作用的影响，最容易出现应力集中而导致岩体裂隙的扩展、失稳破坏发生突水事故。尽管岩石力学、渗流水力学、采矿工程等学科的相关科技工作者在此方面进行了大量研究，也已经取得了一系列成果，但由于裂隙岩体介质的复杂性、破裂机理的多样性和渗透特性的时变性，对采动岩体节理裂隙时空演化规律及突水通道形成过程和渗流突变成灾机理仍然没有完全掌握，尤其是对裂隙岩体渗流-应力耦合问题的基础性研究还远远不够，迫切需要对采动岩体节理裂隙渗流灾变机理这一突水灾害防治的关键性问题进行深入系统的基础研究，从而为矿井安全生产奠定更加可靠的基础。

采掘活动打破了原始地应力场平衡状态，导致了岩层、含水层等介质的应力状态发生变化，引起地下水等流体介质的赋存和运移状态发生相应变化，以致影响到渗流场的变化；反过来渗流引起动静水压力和水的渗透作用，又影响着岩石介质的应力状态，而介质产生的断裂扩张又反过来影响渗流特征，这种相互影响称之为渗流应力耦合。在此过程中，应力变化对水的运移又起到了促进作用，使介质中断裂、裂隙进一步扩容，断裂面、破碎带物质发生"软化"而产生弱化效应，降低了岩石间摩擦系数，为断裂扩展、岩石透水性增大引发突水事故创造了有利条件。Wang 认为岩层底板破裂引起的渗透性增高是矿井底板突水的主要控制因素。

底板突水的渗流特征可视为高承压水在底板岩体受三维应力作用下节理、裂隙扩展过程中的渗流特性。在深部高水压和高应力条件下，其渗流特性会体现出与浅部较大的差异性。因此研究深部工程岩体中复杂的渗流状态非常必要，而单裂隙面的渗流特性是裂隙岩体渗流研究的基础性课题，实验研究是一个最重要且最直接的途径。

3.1　裂隙岩体渗流特性与灾变机理研究概述

岩体节理裂隙不但大大改变了岩体的力学性质，也严重影响了岩体的渗透特性。渗流实质上是一个流固耦合的过程。渗流场与应力场相互耦合是岩体力学中一个重要的特性，在岩体渗流稳定时，岩体与地下水的相互作用构成一个统一的平衡体。对裂隙岩体渗流场与应力场耦合的应力状态分析方面主要工作有：①对单一裂隙渗流应力耦合进行机理性研究，总结单一裂隙在应力作用下的理论模型，提出各种经验公式和间接公式；②对裂隙岩体提出各种不同的渗流应力耦合模型；③对裂隙岩体渗流场与应力场进行理论分析和数值模拟，同时用于工程实践。

3.1.1　概述

在岩体流固耦合试验研究方面，岩体渗透率随围压、温度等影响因素作用下演变规律的研究相对比较成熟。Snow、Romm 等相继进行裂隙岩体水力学的试验研究，建立了裂隙岩体渗流模型。Oda 用裂隙几何张量来统一表达岩体渗流与变形的关系，讨论了等效连续介质模型的应力与应变关系。Erichsen 根据岩体裂隙剪切变形，建立了应力与渗流之间的耦合关系。Walsh 研究了孔隙压力和围压对裂隙渗透性的影响；Jakubick 等在对破裂岩体中开挖隧道后渗透系数变化研究的基础上，认为岩体渗透系数的增加与裂隙面参数及原始地应力有关。Gudmundsson 研究了流体与单裂隙的长度、宽度之间的关系。Indraratna 等利用三轴仪对高压力下单裂隙的二相流进行研究，认为正应力对于单裂隙的渗透系数变化起着决定性的作用。

在国内，对于裂隙渗流的研究起步较晚，但也取得了很多创新性的成果。张金才研究了煤层开采后底板岩体的破坏、渗流及突水规律，张玉卓等研究了裂隙岩体的流动网络渗流与应力的耦合机理。Li 提出了岩石的渗透性与岩石的应力、应变有较强的函数关系。彭苏萍建立了砂岩岩石应力-应变与渗透率之间的定量关系。刘才华、陈从新得出了裂隙渗透系数随法向应力的增加而减小，随侧向应力或渗压的增加而增大，裂隙渗透系数与三轴应力呈指数函数关系的认识。赵阳升等给出了反映裂缝连通系数、法向刚度、三维应力、初始张开度和泊松比的渗透系数公式。速宝玉等在试验研究基础上提出了裂隙渗流-应力耦合经验关系式，能较好描述裂隙渗流-应力耦合特性。蒋宇静、夏才初和王刚等都进行了剪切渗流耦合试验研究，取得了较好试验效果。尹立明通过室内试验分析了底板岩体的岩性、围压对渗流特性影响规律，得到了剪切应力随剪切位移增大呈现四个阶段和渗透性呈现三个阶段的变化趋势，确定了结构面发生剪切活化的充分必要条件。黄炳香提出了渗流场与应力场耦合作用下岩体的结构改变关系，如图 3.1 所示。

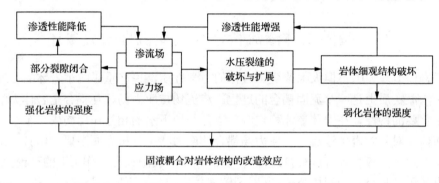

图 3.1　固液耦合作用下裂隙岩体的结构改变关系

另外，张农等对巷道围岩裂隙演化规律及渗流灾害控制，郑少河、周冬磊等对断层的变形与渗透性的变化规律，李利平对承压含水层与巷道之间隔水岩体的采动裂隙萌生、扩展、贯通直至破裂通道形成的灾变演化过程，张勇对基于应力-渗流耦合理论的突水力学模型，吴月秀对节理粗糙性、非贯通节理的弱化作用、节理产状参数相关性以及应力状态等对裂隙岩体水力耦合特性的影响，李燕对各向异性软岩的变形与渗流耦合特性，刘洪磊对凝灰岩破坏全过程渗流演化规律，赵延林对裂隙岩体渗流-损伤-断裂之间的耦合机理等，都进行了系统深入的研究。

3.1.2　裂隙岩体渗流特点

1. 渗透性的高度非线性分布

通过钻孔压水试验发现，同一钻孔不同孔断的单位吸水率之间可能相差几个量级，即可认为岩体中即使相近两个点，其渗透性的差别也是非常大的，岩石的渗透性具有非线性的分布特征，因此少数的野外试验往往难以获得有代表性的参数。

2. 渗透性具有明显各向异性

裂隙(层面)在岩体中呈定向性很强的平面状分布空隙，在其中流动的水流必然也有明显的定向性，若是等效成多孔介质则具有明显的各向异性特征。

3. 渗透系数的影响特点

造成岩体渗透系数的差异性主要取决于自身的物理力学特征，其影响因素是多方面的。岩体中裂隙是否有充填物及其材料特性、连通性，节理面的粗糙度、吻合度、渗径起伏度，裂隙本身性质如倾向、倾角及其分布、张扭性或压扭性，裂隙间的连通度，以及水流流态等相关特征。众多因素对岩体的渗透系数产生的影响异常复杂，且具有较强的随机性，因而其影响因子与影响程度很难确定。

4. 应力环境的影响特征

岩体裂隙在不同荷载的应力环境作用下产生不同程度岩体变形，变形的主要影响以裂隙变形为体现；较小的裂隙变形会引起较大渗透系数和渗流量的改变，而裂隙中的渗流量与裂隙张开度的高次方成正比。因而，应力环境下产生岩体裂隙变形会引发渗流体积力的重大改变，从而又反过来影响岩体的应力场。

5. 大尺度的表征单元体

岩石能否作为等效连续介质看待主要是看内部裂隙的发育程度，一般以表征单元体作为判定标准。当裂隙岩体中存在的表征单元体尺度远小于要研究岩体区域的尺度时，裂隙岩体视为等效连续介质来对待。但是，虽然裂隙在岩体中所占的体积极小，然而与孔隙介质不同的是，表征单元体的尺度通常在几十米至上百米，所以裂隙岩体只能作为非连续介质来处理。

目前虽然对裂隙岩体渗透特性的研究取得了丰硕的成果，但研究成果大都是试验基础上的经验公式，对相关工程问题的移植性较差，同时对采动围岩时变的应力状态、裂隙结构及边界条件造成岩体结构渗流系统的分岔、突变行为特性的研究也尚未取得较大进展。因此，对节理裂隙岩体渗流特性进行系统研究，探索开采活动诱发围岩结构的损伤变形破坏、多因素复杂作用导致渗流突变成灾及其对岩体结构稳定性的影响机理势在必行。

3.2　节理裂隙岩体高水压渗流特性实验
方案及实验条件

3.2.1　实验条件

本次实验设备采用山东科技大学自主研制的高水压岩石应力-渗流耦合真三轴试验系统，见图3.2。

图3.2　高水压岩石应力-渗流耦合真三轴试验系统

1. 试验系统特色

试验系统整体由三轴加载框架、三轴加载机构、高压水渗流系统、试验盒、数控系统及数据采集系统等组成，系统整体结构美观紧凑、功能齐全、操作方便。加载试验装置有恒定三轴应力、恒定三轴位移和恒定三轴刚度三类可控条件。在试件平行裂隙剪切方向上施加渗透水压力。试验盒是开放式设计，更换相应压头及组件，在上述边界和荷载条件下可进行岩石、水泥、岩土类等试样的裂隙剪切渗透试验，裂隙闭合应力-渗透耦合试验，裂隙剪切应力-渗透耦合试验，底板岩层结构组合的水压裂隙扩展模拟试验，破碎岩体高压水渗流试验，裂隙岩体高压水致裂试验，底板岩体的剪切渗流流变试验，以及三轴卸荷条件下裂隙岩体的渗透性和力学特性试验等。试验系统具有以下特点。

(1)能实现独立伺服控制的真三轴加载。

(2)开放式试验盒设计可以对大尺寸试件进行上述相关试验。

(3)最大密封水压力(渗透压力)能达 5MPa。

2. 试验系统主要性能指标

试验系统关键技术指标主要体现在真三轴加载单元及其伺服控制部分、渗流加载单元及其伺服稳压系统。试验台三向荷载分别为 1600kN、1000kN 和 500kN，作动器最大行程达 400mm，位移传感器量程达 30mm，多支位移传感器平均值对变形控制、测量精度控制达示值的 ±1%。伺服控制部分，荷载加载速率最小最大分别达 0.01kN/s 和 100kN/s，位移控制加载速度最小最大速率分别达 0.01mm/min 和 100mm/min，位移控制稳定时间为 10 天，其测量控制精度达到示值的 ±1%。加载可根据实验目的采用刚性加载或刚性、柔性混合加载两种方式。渗透压力伺服稳压系统(稳态法和瞬态法)，最大密封水压力(渗透压力)能达 5MPa，渗透压力稳压时间为 10 天，水的流量测量量程最小和最大分别为 0.001mL/s 和 2mL/s，相关测控精度达示值的 ±1%。

3. 系统试验原理

试验系统参照国内外现有技术和设备，应用全数字伺服控制器、传感器技术、PID 控制技术和机械精细加工技术等软硬件技术开发而成。图 3.3 为试验系统原理图，图 3.4 为试验盒示意图。

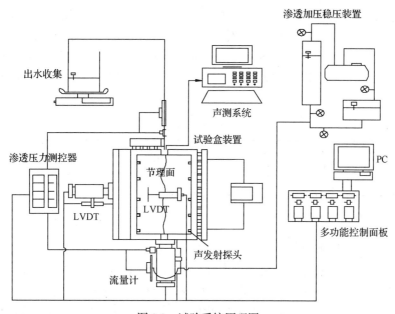

图 3.3 试验系统原理图

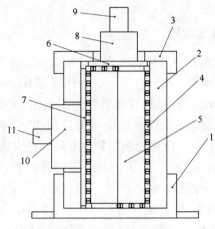

图 3.4　试验盒示意图

1. 底座；2. 侧板；3. 上盖；4. 试样外套；5. 试样；6. 上加压板；
7. 侧加压板；8. 上压头；9. 上活塞连杆；10. 侧加压头；11. 侧活塞连杆

3.2.2　实验方法

1. 岩样制备

试验主要考虑结构面对渗流特征的影响作用，忽略岩性影响效果。采用大尺寸花岗石岩样，其物理力学参数如表 3.1 所示，用锯石机加工成 200mm×200mm×400mm 的长方体试件，并将各侧面磨到试验要求精度后，采用劈裂实验方式形成岩样实验裂隙，以模拟张性裂隙性态。图 3.5 为完整花岗石岩样，图 3.6 为劈裂后的岩样。

表 3.1　试件的物理力学参数

密度 /(kg/m³)	抗压强度 /MPa	弹性模量 /10³MPa	泊松比 μ	抗拉强度 /MPa	黏聚力 c/MPa	内摩擦角 φ/(°)
2506	112.7	52.2	0.22	4.6	18.3	55

2. 单一裂缝试件的粗糙性

当地下水在裂隙中流动时，裂隙表面粗糙程度是影响节理应力——渗流特性的关键因素，裂隙面粗糙度定义为裂隙表面相对于参考平面的波度和波状起伏。目前，描述粗糙性的方法主要有凸起高度表征法、节理粗糙度系数 JRC 表征法和分数维表征法。试验采用粗糙度系数 JRC 来表征岩样裂隙的粗糙性。实验室采用 TR600 轮廓粗糙度测量仪对试验岩样进行了测量，共选择了 22 个特征取样长度，图 3.7 为 TR600 轮廓粗糙度测量仪，图 3.8 为各取样长度在裂隙面上的分布图。图 3.9、图 3.10 为 H-11 和 S-6 轮廓粗糙度测量实验结果。

图 3.5　完整花岗石岩样　　　　　　　　图 3.6　劈裂后的岩样

图 3.7　TR600 轮廓粗糙度测量仪

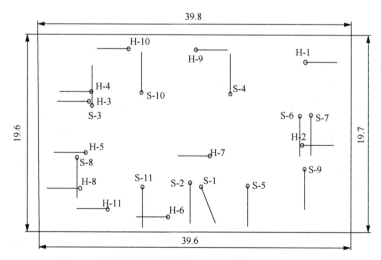

图 3.8　各取样长度在裂隙面上的分布图(单位：cm)

H. 横向；S. 纵向

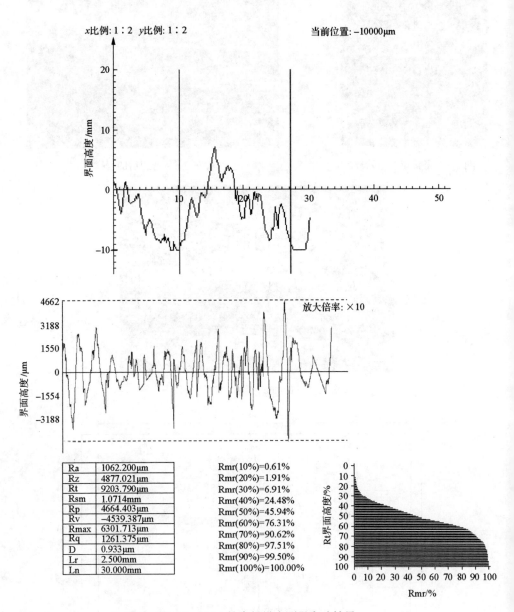

图 3.9　H-11 轮廓粗糙度测量实验结果

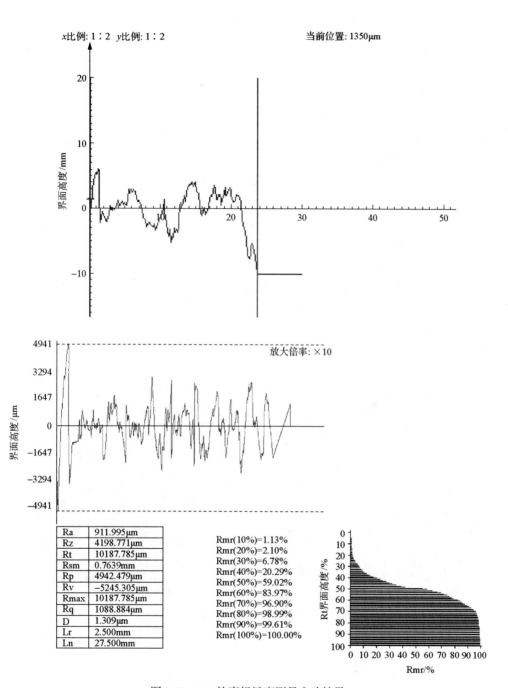

图 3.10　S-6 轮廓粗糙度测量实验结果

Tse 等应用经验关系来计算典型裂隙的粗糙度系数为

$$JRC = 32.2 + 32.47 \lg Z^*　\tag{3.1}$$

$$Z^* = \left[1 / MD_x^2 \sum_{i=1}^{M} (y_{i+1} - y_i) \right]^{1/2}　\tag{3.2}$$

式中，M 为测量粗糙度高度的区间数；D_x 为粗糙度测量的样本区间长度；y_i 和 y_{i+1} 为第 i 点和第 $i+1$ 点的粗糙度高度。

由式 (3.1) 和式 (3.2) 并结合轮廓粗糙度测量仪量测结果，得 1#试件、2#试件的统计 JRC 值分别为 12.7、15.1。

3. 实验方法

首先将试样进行饱水 7 天后，将其装入提前预制的胶囊中，在胶囊和试样之间用密封胶均匀密封后，在胶囊外侧均匀涂抹大黄油并贴上与试样等面积的薄铜片，然后在薄铜片外侧涂抹大黄油后装入试验盒中，将试验盒均匀锁紧密封，吊装入试验机上进行试验。图 3.11 为密封胶囊，图 3.12 为试验盒装置，试验过程如图 3.13 所示。

图 3.11　密封胶囊　　　　　　　　图 3.12　试验盒装置

(a) 试件盒　　　　　　　　　　　　　　(b) 加载

图 3.13　试验过程

将试验盒放入试验机中对好位置，将轴压 σ_1、侧压 σ_2 和 σ_3、渗流水压加到设定初值，改变轴压、侧压和渗流水压，测量确定时段内的出水量。

3.3　节理裂隙岩体高水压渗流特性试验结果与分析

3.3.1　三维应力对裂隙渗流规律影响的理论分析

实际的岩体工程中，单一裂隙除受作用于裂隙的法向应力之外，还同时受平行于裂隙的两个侧向应力的作用。两个侧向应力对裂隙渗流的影响规律是岩石力学界研究的难点。图 3.14 是试件受三维应力和渗透水压示意图。

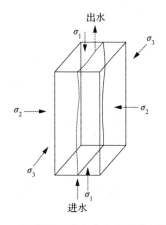

图 3.14　试件受三维应力和渗透水压示意图

由于裂隙很窄，且无充填物，因此试件单一裂隙的侧向变形等于两个基岩岩块的横向变形，则有

$$\left.\begin{array}{l} \varepsilon_1 = \dfrac{1}{E_r}\left[\sigma_1 - \nu_r(\sigma_2 + \sigma_3)\right] \\[3mm] \varepsilon_3 = \dfrac{1}{E_r}\left[\sigma_3 - \nu_r(\sigma_2 + \sigma_1)\right] \end{array}\right\} \tag{3.3}$$

裂隙的两个侧向变形之和可视为

$$\begin{aligned} \varepsilon_s = \varepsilon_1 + \varepsilon_3 &= \dfrac{1}{E_r}\left[\sigma_1 - \nu_r(\sigma_2 + \sigma_3)\right] + \dfrac{1}{E_r}\left[\sigma_3 - \nu_r(\sigma_2 + \sigma_1)\right] \\[2mm] &= \dfrac{1 - \nu_r}{E_r}(\sigma_1 + \sigma_3) - \dfrac{2\nu_r}{E_r}\sigma_2 \end{aligned} \tag{3.4}$$

那么根据胡克定律，试件单一裂隙的法向变形可视为

$$\varepsilon_n = \dfrac{\sigma_2 - aP}{k_n} - \dfrac{\nu_f}{k_s}(\sigma_1 + \sigma_3) \tag{3.5}$$

式中，σ_1、σ_2、σ_3 为三向主应力，MPa；E_r 为岩块的弹性模量；ν_r 为试件材料的泊松比；a 为考虑裂隙粗糙度对孔隙水压的影响系数；ν_f 为裂隙的泊松比；k_n 为裂隙的法向弹性模量；k_s 为裂隙的切向弹性模量；P 为压强，MPa。

设裂隙的初始宽度为 d_0，因此裂隙变形的本构方程，裂隙的变形 u 为

$$u = d_0(1 - e^{-\varepsilon_n}) \tag{3.6}$$

变形后，裂隙的宽度为 $d = d_0 - u = d_0 e^{-\varepsilon_n}$。

由于裂隙岩体的渗流仅与裂隙的宽度或张开度有关，因此为了克服对裂隙宽度确定的困难，并考虑裂隙粗糙度对渗流的影响，根据公认的光滑裂隙岩体渗流的平方定律 $k = \dfrac{gd^2}{12\mu}$，将 d 带入得 $k = \dfrac{gd_0^2}{12\mu}e^{-2\varepsilon_n}$，即

$$k = k_0 e^{-2\varepsilon_n} \tag{3.7}$$

式中，k_0 为裂隙岩体的初始渗透系数；k 为裂隙岩体的渗透系数。

将式(3.5)带入式(3.7)后得

$$k = k_0 e^{-2\left[\dfrac{\sigma_2 - aP}{k_n} - \dfrac{\nu_f}{k_s}(\sigma_1 + \sigma_3)\right]} \tag{3.8}$$

由于裂隙的粗糙度对裂隙受三维应力作用下的法向变形和两个侧向变形都有影响，而裂隙的渗流状态只取决于裂隙的法向变形，裂隙法向变形与裂隙受的三维应力和因裂隙的粗糙而引起的渗透水压，裂隙的法向、切向弹性模量及泊松比有关。因此将式(3.8)简化可得

$$k = k_0 e^{-2\left[b(\sigma_2 - aP) - c(\sigma_1 + \sigma_3)\right]} \tag{3.9}$$

式中，b 为裂隙的粗糙度对裂隙的法向弹性模量的影响系数；c 为裂隙的粗糙度对裂隙的泊松比和切向弹性模量比值的影响系数。由式(3.9)可知当岩体承受较大的法向应力时，裂隙宽度急剧减小，其渗透规律趋向于拟连续介质岩体的渗流规律。

3.3.2　三维应力和渗透水压对裂隙渗流规律影响的试验结果

对 1#试件、2#试件进行不同三维主应力和渗透水压组合状态下的试验，其试验结果如表 3.2、表 3.3 所示。

表 3.2　1#花岗岩试件渗透系数试验数据表

σ_1 /MPa	σ_2 /MPa	σ_3 /MPa	不同渗透水压下的渗透系数/(10^{-5}cm/s)				
			1MPa	2MPa	3MPa	4MPa	5MPa
5	3	3	1.029	1.159			
	4	3	0.884	0.994			
	5	3	0.751	0.824			
	5	4	0.686	0.614	0.864		
10	5	4	0.726	0.828	0.987		
	5	5	0.728	0.784	0.865	1.027	
	6	5	0.599	0.574	0.758	0.852	
	7	5	0.576	0.532	0.628	0.729	
15	8	5	0.416	0.467	0.524	0.586	
	9	5	0.353	0.384	0.382	0.486	
	10	5	0.283	0.318	0.328	0.403	
	10	6	0.281	0.331	0.372	0.385	0.450
20	11	6	0.233	0.232	0.295	0.331	0.373
	12	6	0.193	0.217	0.245	0.275	0.309
30	12	6	0.186	0.175	0.197	0.205	0.249

表 3.3 2#花岗岩试件渗透系数试验数据表

σ_1/MPa	σ_2/MPa	σ_3/MPa	不同渗透水压下的渗透系数/(10^{-5}cm/s)				
			1MPa	2MPa	3MPa	4MPa	5MPa
5	3	3	2.226	2.807			
	4	3	1.521	1.933			
	5	3	1.026	1.292			
	5	4	0.976	1.130	1.150		
10	5	4	0.768	0.859	1.209		
	5	5	0.755	0.913	0.982	1.449	
	6	5	0.491	0.519	0.781	1.006	
	7	5	0.334	0.420	0.430	0.668	
15	8	5	0.176	0.242	0.380	0.353	
	9	5	0.121	0.119	0.195	0.246	
	10	5	0.081	0.102	0.129	0.163	
	10	6	0.077	0.097	0.123	0.131	0.195
20	11	6	0.041	0.055	0.093	0.082	0.103
	12	6	0.027	0.152	0.044	0.055	0.070
30	12	6	0.016	0.011	0.026	0.037	0.122

对 1#试件渗透系数试验结果进行拟合可得

$$k = k_0 e^{-2\left[b(\sigma_2-P)-c(\sigma_1+\sigma_3)\right]} = 0.000017 e^{-2\left[0.09365(\sigma_2-0.627P)+0.003\,58(\sigma_1+\sigma_3)\right]} \quad (3.10)$$

对 2#试件渗透系数试验结果进行拟合可得

$$k = k_0 e^{-2\left[b(\sigma_2-P)-c(\sigma_1+\sigma_3)\right]} = 0.000084 e^{-2\left[0.1936(\sigma_2-0.597P)+0.02485(\sigma_1+\sigma_3)\right]} \quad (3.11)$$

由实验结果及拟合公式分析可知：σ_1、σ_2、σ_3 对单一裂隙的渗透起抑制作用，随着 σ_1、σ_2、σ_3 的增加，其渗透系数减小，其中 σ_2 对渗透的影响非常明显，起主导作用。图 3.15 为 1#试件在不同水压条件下渗透系数随 σ_1 增加的变化规律，图 3.16 为 1#试件在不同水压条件下渗透系数随 σ_3 增加的变化规律，图 3.17 为 1#试件在不同水压条件下渗透系数随 σ_2 增加的变化规律，图 3.18 为 1#试件在不同应力条件下渗透系数随水压增加的变化规律。

3.3.3 试验结果分析

通过理论分析，揭示了三维应力作用下单一裂缝的渗流规律，获得了受裂缝粗糙度影响的三维应力、渗透水压与渗透系数的关系方程。由试验结果及图 3.15～图 3.17 可知：σ_1、σ_2、σ_3 均对单一裂缝的渗透起抑制作用，随着 σ_1、σ_2、σ_3 的增加，其渗透系数减小，其中 σ_2 对渗透的影响非常明显，起主导作用，渗透系数随 σ_2 的增加而迅速减小，在 σ_2 大于 6MPa 后渗透系数下降明显。

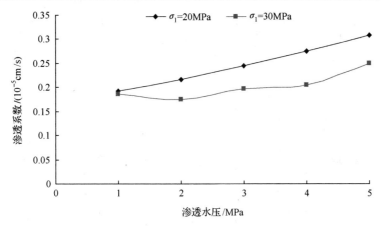

图 3.15　不同水压条件下渗透系数随 σ_1 增加的变化规律

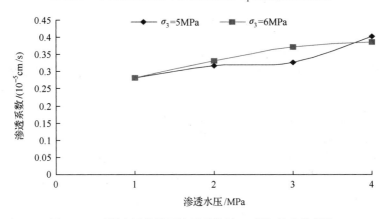

图 3.16　不同水压条件下渗透系数随 σ_3 增加的变化规律

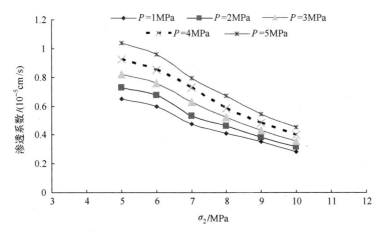

图 3.17　不同水压条件下渗透系数随 σ_2 增加的变化规律

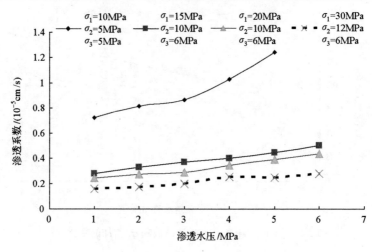

图 3.18　不同应力条件下渗透系数随水压增加的变化规律

　　由图 3.18 可知，当水压大于 3MPa 后，渗透系数增幅较为明显，这种情况在三维应力较小时，表现更为突出。整体而言，渗透水压增加，渗透系数也相应增加，但增幅较缓，裂缝受的三维应力越大，其增幅越平缓。1#试件和 2#试件在相同的边界条件和渗透水压作用下表现出不同的渗透性，说明试件节理裂缝的表面网络特征是影响裂缝渗透特性的重要因素，这也将是以后研究的重点内容。

　　由试验结果分析可知，对于节理裂隙岩石来说，水压一定的条件下，当所受的三维应力增大时，其渗透系数呈下降趋势；由于深部开采煤层底板岩层处于高应力状态，但开采以后，采空区底板岩层所受载荷发生变化，岩体由高应力作用下变为卸荷状态。研究表明，三轴高应力条件下的岩体卸荷破裂时，岩石力学性能下降，且张性破裂特征较为突出，各种裂隙网络发育，同时在破裂面上的岩石粗糙度明显增强，裂隙与粗糙度的发育程度与初始应力、卸载程度成正比例关系。那么，由此可推断，煤层开采以后，采空区底板虽然所受承压水水压未发生变化，但由于卸荷作用影响，岩层的渗流特征将出现明显增强，高压水的影响程度也由此进一步加大，且这种变化随采深的增加而更加显著。

第4章 高水压底板突水通道形成
与动态演化过程研究

无论灾害如何产生，突水发生的条件均离不开水源与岩体。水源的存在是发生突水现象的前提，岩体的存在是形成突水通道的物理条件。所以，在研究突水问题时，应重点考虑二者的作用影响。煤层的开采过程中，开采活动打破了原岩应力的平衡，引发了采场应力的重新分布，同时新形成的应力场影响到底板岩体的完整性、原生缺陷的扩张及其渗透能力。由于底板高压水的存在，对底板隔水层形成动力破坏作用；在采动过程中底板岩体内逐渐形成微裂隙网，高压水源在其中逐渐形成微观压裂导升，并不断克服裂隙岩体中的扩展与演化阻力，进而形成渗流通道，使得裂隙网络全部充水，随着工作面不断推进，采动应力与高压水源对采场底板不断破坏，使得底板位移，出现"底臌""裂隙渗水"等现象，进而在共同作用区域内形成突水通道，引发底板突水事故。由此可知，突水通道的形成与演化受到采动应力(应力场)与高压水源(渗流场)的共同影响，以往的研究往往只考虑采动应力的影响作用，而忽略了高压水源的渗流特征，使得此类问题的研究缺乏深入性。从一定角度分析，采场底板发生突水灾害也是多场耦合的结果，那么突水通道形成与演化的过程也是多场耦合的过程，主要可归纳为采动引发的应力场与高压水作用下的渗流场的耦合作用过程。本章从多场耦合角度出发，研究底板突水通道形成与演化的过程，对深部采动条件下，采用数值模拟软件分析高水压影响下采场底板应力场与渗流场耦合作用过程中底板破坏塑性区的演化。

4.1 采动底板应力场与渗流场耦合分析

4.1.1 应力场变化特征

1. 采场围岩应力变化特征

采场底板的变形、破坏，从力学层面上可以定义为一种卸荷力学行为，其本质与围岩应变能释放、岩体内部应力，以及底板应力场的变化都是密切相关的，这些变化特征主要是由于采场围岩支持应力分布特征变化而造成的。

煤层开采以后，由采矿活动引起的矿山压力对采场围岩产生作用，采场的支承压力分布呈现出内外两个应力场，如图 4.1 所示。内应力场的支承压力来源主要是煤层上方老顶的作用力，随着工作面的推采，老顶岩梁出现断裂、回转、稳定等运动规律，内应力场也随之发生变化；外应力场来源于采场上覆整体岩层的变化，开采深度与上覆岩层性质将决定其大小与分布特征，因而当煤矿转入深部开采后，外应力场的显现作用更为强烈。

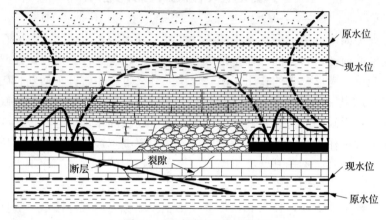

图 4.1 开采活动的影响作用

覆岩体的不断运动，造成采场内外应力场的变化，使得前方煤体产生变形、破坏，由工作面向煤体内部形成松动破坏区、塑性强化区、弹性变形区、原岩应力区，如图 4.2 所示。在松动破坏区的煤体，也是内应力场作用的煤体，力学性质受到破坏，煤体应力低于原岩应力，处于卸压状态，将造成底板岩层无法传递上方覆岩支承压力。塑性强化区、弹性变形区、原岩应力区的煤体均应有较高的承载能力，方能对底板向下传递应力。

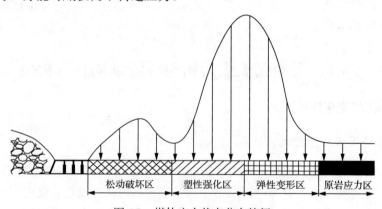

图 4.2 煤体应力状态分布特征

2. 底板应力变化特征

在工作面回采过程中，采场底板将重复出现采前增压（压缩）、采后卸压（膨胀）、冒落压实恢复等三个阶段的变化，如图4.3所示。

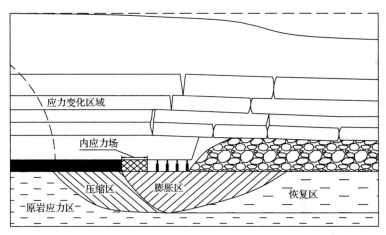

图4.3　煤层底板岩体与采场时空对应关系模型

在采前增压阶段，底板岩层受到超前支持压力的作用，岩体受压应力而发生增压压缩，岩体中的原始裂隙逐渐闭合。在采后卸压阶段，工作面推进后，底板岩层处于原始法向地应力卸压状态，由于采动应力场与下部水压顶托作用，岩体开始从弹性压缩逐渐变形恢复，岩层整体向上位移，底板开始膨胀，岩体中原生裂隙由闭合逐渐在此张开并发育、扩展；内应力场影响范围的底板，即松动破坏区煤体下部岩层，由于不受上覆支承压力的影响，故也处于卸压状态；在冒落压实恢复阶段，采空区上方顶板岩石垮落，逐渐开始压实底板，底板岩层原始法向地应力逐渐恢复，岩体中的裂隙又再次闭合。采场底板岩层交替出现的压缩与膨胀，使得岩体受到剪切作用而发生变形、破坏，随着推进距离的增加，破坏深度和范围也随着增加。

4.1.2　渗流场变化特征

研究表明，水源在煤岩体内的微观裂隙中的渗流特征符合达西（Darcy）定律的流动方程，并且当水源丰富、水压较大时，空隙内水流速与水压力成正比例关系；岩石的破坏损伤与渗流性具有互相影响关系，破坏程度加大将诱发渗流率的增大。由此可知，渗流特征的变化将受控于围岩应力与水压变化，深部高承压水上开采，围岩应力大、水压高的地质力学特性将直接影响渗流场特征的变化。

1. 渗透特征与采深关系

对于在一定埋深 H 条件下岩层内的单一裂隙，水源的渗透特征受岩石自重力作用影响，渗流系数 K_H 和渗流量 Q_H 可表述为

$$K_H = K_0 \left[1 - \frac{\gamma H(\cos^2 \theta + \lambda \sin^2 \theta)}{bK_n} \right]^3$$

$$Q_H = Q_0 \left[1 - \frac{\gamma H(\cos^2 \theta + \lambda \sin^2 \theta)}{bK_n} \right]^4 \tag{4.1}$$

式中，K_0 为裂隙岩体原始渗透系数；K_n 为法向刚度系数；H 为埋深；b 为裂隙原始等效裂隙宽度；θ 为裂隙面与水平方向的夹角；λ 为常数(侧向应力与垂向应力比值)；γ 为岩体容重，N/m^3；Q_0 为裂隙岩体原始渗流量，m^3/s。

由式(4.1)与现场试验综合分析可知，随着埋深的增加，渗透系数呈减小趋势，水源在裂隙中的渗透特性减弱。

2. 渗透特征与水压关系

只考虑水压对岩体裂隙中渗流特征的影响，渗流系数 K_P 和渗流量 Q_P 可表述为

$$K_P = K_0 \left(1 + \frac{P}{bK_n} \right)^3$$

$$Q_P = Q_0 \left(1 + \frac{b}{bK_n} \right)^4 \tag{4.2}$$

由此分析可知，当水压逐渐增大时，渗流系数和渗流量增大，水压对渗流特征影响的变化幅度较大，因此，裂隙中的水源渗流特征受水压影响程度大，且呈正比例关系。

4.1.3　应力场与渗流场的相互影响

1. 应力场对渗流场的影响

一般来说，岩体的孔隙率越大，渗透系数也越大。假设岩体内任一单元的孔隙率为 n_0，该单元受荷载作用后体积发生应变为 ε，则此时的孔隙率 n 为

$$n = \frac{n_0 - \varepsilon}{1 + \varepsilon} \tag{4.3}$$

由式 (4.3) 可知，当岩体受到压应力作用时，孔隙率减小，内部裂隙呈现为逐渐闭合状态，水源在裂隙中的流动空间变小，渗流性也随着减小。

考虑岩体受力作用后的裂隙与岩石发生弹性变形时，裂隙岩体的渗透系数与其应变的关系公式为

$$\Delta K = \frac{\rho g b^2}{12 S \mu} \left[1 + \Delta \varepsilon \left(\frac{K_n b}{E} + \frac{b}{S} \right)^{-1} \right]^3 \tag{4.4}$$

式中，ρ 为水的密度；g 为重力加速度；μ 为水的运动黏滞系数；S 为裂隙平均间隙；b 为裂隙宽度；E 为岩石的弹性模量；K_n 为法向刚度系数；$\Delta \varepsilon$ 为垂直裂隙组的应变。

由上文及式 (4.3)、式 (4.4) 分析可知，应力场对渗流场具有一定影响作用，其机理为应力场改变了岩体的体积应变，导致影响岩体孔隙率、渗透系数发生变化，从而影响到渗流场的作用。

2. 渗流场对应力场的影响

目前，在计算流固问题时，多半将应力场作为主方向去研究，而忽略渗流场的影响；实际上，渗流场对应力场也存在一定的影响作用。

若设底板岩体内渗透水压为 P，水头分布为 $H(x, y, z)$，则由渗流力学理论分析可知，渗流场内各向渗透体积力 f 为

$$\begin{Bmatrix} f_x \\ f_y \\ f_z \end{Bmatrix} = \begin{Bmatrix} \dfrac{\partial P}{\partial x} \\ \dfrac{\partial P}{\partial y} \\ \dfrac{\partial P}{\partial z} \end{Bmatrix} = - \begin{Bmatrix} \gamma \dfrac{\partial H}{\partial x} \\ \gamma \dfrac{\partial H}{\partial y} \\ \gamma \left(\dfrac{\partial H}{\partial z} - 1 \right) \end{Bmatrix} \tag{4.5}$$

式中，f_x、f_y、f_z 分别为渗透体积力在 x、y、z 方向上的分量。

通过岩体内单元体的一定时间内的渗透体积力变化，可转换得到该单元节点的等效外荷载为 $\{F_p\}$：

$$\{F_p\} = \int_{\Omega_n} [N]^{\mathrm{T}} \begin{Bmatrix} f_x \\ f_y \\ f_z \end{Bmatrix} \mathrm{d}x \mathrm{d}y \mathrm{d}z \tag{4.6}$$

式中，$[N]^{\mathrm{T}}$ 为岩体内任一单元的形函数；n 为单元三维空间结点数。

由式(4.6)分析知，渗流场对岩体形成渗流体积力，改变了岩体的体积应变，并可转化为外在作用载荷，从而影响到岩体的应力场分布。

4.1.4　应力与渗流耦合分析

如前所述，突水通道的形成过程可视为应力场与渗流场直接耦合的结果。目前，这种直接耦合的计算方法通常将比奥(Biot)的"真三维渗流固结理论"为基础，以应力场与渗流场为变量建立数学模型，按时间过程进行连续求解得到结果。

参照并应用比奥这种渗流理论研究流固耦合问题，应基于以下几种假定，即：

(1)岩体可视为均质且各向同性的线弹性体，具有小变形特性，同时，受力变形满足胡克定律。

(2)渗流场中水体的流动服从达西(Darcy)渗流定律，并且水体的运动惯性可以忽略不计。

(3)岩体被水体单相饱和，且两者理想化为不可压缩或微可压缩。

比奥经典渗流理论中关于耦合作用的基本方程为

本构方程
$$\sigma_{ij} = \overline{\sigma_{ij}} + \alpha p \delta_{ij} \tag{4.7}$$

平衡方程
$$(\lambda + G)\frac{\partial \varepsilon_x}{\partial x_j} + G\nabla^2 u_j + \rho x_j + \alpha \frac{\partial p}{\partial x_j} = 0 \tag{4.8}$$

几何方程
$$\begin{cases} \varepsilon_{ij} = \dfrac{1}{2}(u_{i,j} + u_{j,i}) \\ \varepsilon_v = \varepsilon_{11} + \varepsilon_{22} + \varepsilon_{33} \end{cases} \tag{4.9}$$

渗流方程
$$k\nabla^2 p = S\frac{\partial p}{\partial t} - \alpha \frac{\partial \varepsilon_v}{\partial t} \tag{4.10}$$

在比奥渗流理论中忽略了应力场对渗流场的影响，不能满足动量守恒，当考虑二者耦合并互相作用时，需引入耦合方程式：

耦合方程
$$k(\sigma, p) = \xi k_0 e^{-\chi(\sigma_{ij}/3 - \alpha p)} \tag{4.11}$$

以上 5 个方程中，应力边界条件：$\sigma_D = \sigma_0$；位移边界条件：$\delta_D = \delta_0$；

定水头条件：$h_D = h_0$；定流量条件：$\dfrac{\partial h}{\partial n} = g$。

式中，σ_{ij} 为总应力张量；$\overline{\sigma_{ij}}$ 为有效应力张量；α 为比奥系数；p 为水压；λ 为拉梅常数；G 为剪切模量；∇^2 为拉普拉斯算子；ρ 为介质密度；ε_{ij} 为正应力；ε_v 为体应变；k 为渗透系数；S 为储水系数；ξ 为渗透系数突跳倍率；e 为体积应变；χ 为耦合系数。

4.2 高水压底板突水通道形成与动态演化过程数值模拟研究

4.2.1 FLAC³ᴰ软件简介

FLAC³ᴰ(三维连续体快速拉格朗日分析)是由美国 Itasca Consulting Group Inc 开发面向采矿工程、土木工程、环境工程等的通用岩土工程软件，能够模拟岩土等众多材料的三维力学行为。FLAC³ᴰ采用三维显式有限差分法程序求解偏分方程问题，将计算区域划分为若干六面体单元，在给定的边界条件下，对某一个节点施加荷载，依据指定的线性或非线性本构关系方程，考虑节点在微小时间内对周围若干节点的影响；如果单元应力使得材料屈服或产生塑性流动，则单元网格便随着材料的变形而变形，所有单位的变形量及应力大小在分析过程中将会被全部记录。这正是拉格朗日算法的机理，这种算法非常适合于模拟大变形问题，可以准确地模拟材料的屈服、塑性流动、软化直至大变形，尤其在材料的弹塑性分析、流固耦合过程等领域具有较大的实用性和可靠性。

FLAC³ᴰ模拟多孔介质中流体流动时，依据达西定律，主要考虑孔隙压力、饱和状态、渗透流量等变量，流固耦合的过程满足比奥方程；其机理是通过孔隙水压力的消散引起土体中位移的变化，这一过程包含两种力学效果：第一，孔隙水压力的变化引起结构体中有效应力的变化；第二，孔隙水压力的变化又引起流体区域的变化。

耦合计算过程中，首先是从静力学平衡状态开始的，水力耦合的模拟包含着许多计算步骤，每一步又都包含一步或更多步的流体计算步骤，以此类推，直到满足静力平衡方程为止。由于流体的流动，孔隙压力增加的因素应在流体循环步骤中被考虑；同时，其对体积应变的贡献在力学循环步骤中也应该被考虑，因而，体积应变作为一个区域值被分配到各个节点上。

目前 FLAC³ᴰ已广泛应用于在地下工程领域内的应力场和渗流场，以及位移场的耦合分析，研究效果显著。

4.2.2 数值模型设计

本次采用数值模拟软件研究深部承压水上开采随工作面推进过程中底板破坏的危险性，通过底板隔水层性质和高承压水水压大小变化，分析底板逐渐破坏直至突水通道形成的过程，结合应力场与渗流场分析形成与演化过程的特征规律。根据研究内容，为便于计算准确、方便，依据对称原理，取整个采场的 1/4 作为研究区域进行模拟分析，如图 4.4 所示。

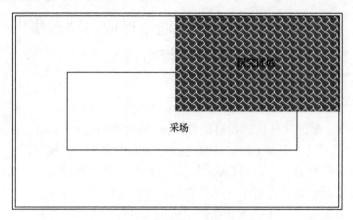

研究区域

采场

图 4.4　选取研究区域

结合济北矿区某千米矿井工作面现场实际开采条件，在充分考虑采场地质赋存条件，现场实测参数的基础上，对研究区域的情况适当简化，建立三维模型如图 4.5 所示。模型从下往上建，底面为 XY 平面，x 轴水平向右，y 轴向里，z 轴竖直向上，模型长 80m、宽 70m、高 105m。模型划分为 37 632 个单元体，41 151 个节点。模型的侧面（即 X 方向上的两个面与 Y 方向上的两个面）约束水平方向上的位移，模型的底面固定，模型的顶面施加均布荷载模拟其上覆岩层的重量。煤层埋深为 1200m，设其上覆岩层的平均容重为 25kN/m³，则施加于模型上的均布荷载的大小为

$$P = \gamma H = 25\,000 \times (1200 - 30) = 29.25\,\text{MPa} \tag{4.12}$$

式中，γ 为岩体容重，N/m³；H 为模型顶板的埋深，m。

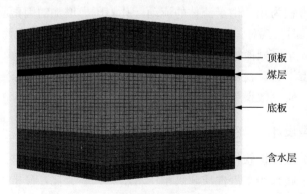

顶板

煤层

底板

含水层

图 4.5　模型图

本次模拟采用莫尔–库仑强度理论，即

$$\left.\begin{array}{l} f_{\rm s} = \sigma_1 - \dfrac{\sigma_3(1+\sin\phi)}{1-\sin\phi} + 2c\sqrt{\dfrac{1+\sin\phi}{1-\sin\phi}} \\[3mm] f_{\rm t} = \sigma_3 - \sigma_{\rm t} \end{array}\right\} \tag{4.13}$$

式中，ϕ 为材料的内摩擦角；c 为材料的黏结力；σ_3 为最小主应力；σ_1 为最大主应力；$\sigma_{\rm t}$ 为抗拉强度；当 $f_{\rm t}=0$ 时，则产生拉破坏，当 $f_{\rm s}=0$ 时，材料将发生剪切破坏。

本次模拟中煤层和各岩层的岩石力学参数如表 4.1 所示。

表 4.1　数值模拟各岩层参数

岩层名称	岩层厚度/m	抗拉强度/MPa	弹性模量/GPa	泊松比	黏聚力/MPa	摩擦角/(°)	容重/(10³kg/m³)
砂岩	20	8.8	7.5	0.35	6.4	39	2.65
粉砂岩	10	3.0	5.3	0.25	5.0	20	1.8
煤层	5	1.5	2.2	0.25	2.1	15	1.3
隔水层 1	40	5.4	4.5	0.18	5.8	46	2.25
隔水层 2	40	3.2	3.0	0.3	4.3	39	2.25
含水层	20	4.1	2.8	0.28	3.5	41	2.1
细粒砂岩	10	5.0	3.7	0.24	4.4	42	2.7

4.2.3　模拟方案

模拟研究内容主要分析应力场与渗流场耦合情况下，底板破坏深度与高水压导升带能否沟通及沟通后的演化特征问题，得出高压底板破坏、突水通道形成与演化过程中的相关特征规律；据此制定具体计算方案如下：

(1)含水层水压为 6MPa，隔水层岩性取表 4.1 中隔水层 1 的参数，抗拉强度较大，煤层每次开采 5m，一直推进 60m，模拟整个开采过程中底板隔水层破坏塑性区分布及发展变化特征、规律。

(2)当含水层水压为 12MPa，隔水层岩性取表 4.1 中隔水层 1 的参数，抗拉强度较大，煤层每次开采 5m，一直推进 60m，模拟整个开采过程中底板隔水层破坏塑性区分布及发展变化特征、规律。

(3)含水层水压为 12MPa，隔水层岩性取表 4.1 中隔水层 2 的参数，煤层每次开采 5m，一直推进 60m，模拟整个开采过程中底板隔水层破坏塑性区分布及发展变化特征、规律。

4.2.4　模拟结果分析

开采煤层底板的破坏情况是应力场与渗流场耦合条件下共同作用的表现，当底板破坏塑性区贯穿整个隔水层时，底板断裂破坏、丧失阻水能力，则此时即可认为底板突水通道形成。由突水通道的形成过程，可将不同条件下的模拟结果进行比较分析，得出底板突水与水压、隔水层性质等因素的对应关系。

在数值模拟中煤层开采一次采全高，沿走向开挖，每次开挖 5m，当模型达到平衡后再进行继续开挖，直至推进完成。

1. 水压较小、隔水层岩性强度较大时的模拟结果

当底板下部水压为 6MPa、隔水层岩层抗拉强度大时，在工作面不断推进的过程中，底板隔水层的破坏情况不断变化，如图 4.6 所示。

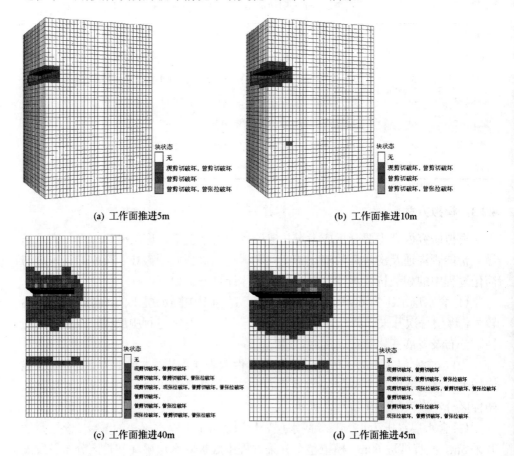

(a) 工作面推进5m　　　　　　　　　(b) 工作面推进10m

(c) 工作面推进40m　　　　　　　　　(d) 工作面推进45m

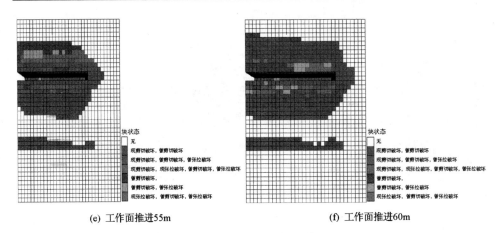

(e) 工作面推进55m　　　　　　　　　　　　(f) 工作面推进60m

图 4.6　水压 6MPa 时底板破坏过程

从图 4.6 中可以看出：

(1)随着煤层的开采，底板岩层上下界面逐渐出现塑性区，且随着推进距离的增加，塑性区进一步加大，隔水层破坏范围增大，而后逐渐呈稳定趋势。

(2)在应力场与渗流场耦合条件下，当工作面推进到 10m 时，底板岩层上部出现破坏塑性区；当工作面推进到 45m 时，底板岩层的采动破坏深度(上部塑性区范围)最大约为 22.5m，位置出现在采空区中部；随着工作面继续推进，底板破坏深度保持稳定，不再向下发展。

(3)受采动影响，底板隔水层下界面在水压作用下，也出现破坏塑性区，此时工作面推进至 15m；随着工作面不断向前推进，该破坏塑性区进一步向上演化，高度及范围逐渐扩大。当工作面推进到 55m 时，隔水层下界面破坏塑性区达到最大，发育高度达 7.5m；同时，从底板下界面破坏塑性区发展过程来看，工作面推进前期(40m 前)煤壁下方底板隔水层破坏塑性区发育较大，推进后期，采空区中部位置下方隔水层破坏塑性区发育高度较大。

(4)在煤层开采推进整个过程中，底板隔水层上下界面破坏塑性区未出现沟通，仍存在 10m 左右的完整岩层未被破坏，具有阻隔水能力，因此该开采条件下，底板突水通道没有形成。

2. 水压较大、隔水层岩性强度也较大时的模拟结果

当底板下部水压为 12MPa、隔水层岩层抗拉强度大(参数为隔水层 1)时，在工作面不断推进的过程中，底板隔水层逐渐破坏的过程如图 4.7 所示。

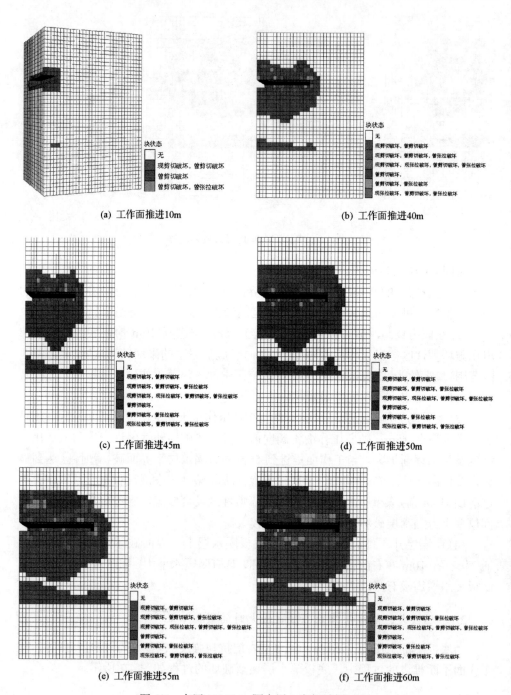

图 4.7　水压 12MPa、隔水层 1 底板破坏过程

从图 4.7 可以看出：

(1)在应力场与渗流场耦合条件下，水压为 12MPa 时，当工作面推进到 5～10m 时，底板岩层上部便出现破坏塑性区；当工作面推进到 40～45m 时，底板岩层的采动破坏深度(上部塑性区范围)最大为 27.5m，位置出现在采空区中部左右；随着工作面继续推进，破坏塑性区范围进一步扩大，但底板破坏深度保持稳定，不再向下发展。

(2)在底板隔水层下界面，水压为 12MPa 时，出现破坏塑性区相对较早，此时工作面推进距离为 10m；当工作面继续推进，该破坏塑性区演化高度及范围均进一步扩大。当工作面推进到 40m 时，隔水层下界面破坏塑性区发育高度达 7.5m；当工作面推进至 45m 时，该底板破坏塑性区发育高度到 10m；工作面推进从 45m 到 50m 时，发育高度未发生变化，保持为 10m，范围有所扩大。当工作面推进至 55m 时，底板破坏塑性区发育高度达 12.5m。同时，从底板下界面破坏塑性区发展过程来看，煤壁下方底板隔水层破坏塑性区也出现首先向上发育的情况，最大发育高度位置仍然为采空区中部位置下方。

(3)在煤层开采推进整个过程中，当工作面推进由 55m 到 60m 时，底板隔水层上下破坏塑性区出现贯通，因此该开采条件下，底板完整隔水层破坏，阻水能力完全丧失，底板突水通道形成。

3. 水压较大、隔水层岩性强度较小时的模拟结果

此方案模拟隔水层岩层抗拉强度小(参数为隔水层 2)，底板下部水压仍为 12MPa，在工作面不断推进的过程中，底板隔水层逐渐破坏的过程及演化如图 4.8 所示。

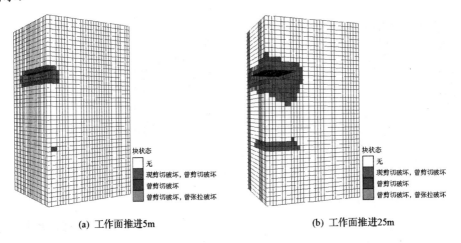

(a) 工作面推进5m　　　　　　　　　　　　(b) 工作面推进25m

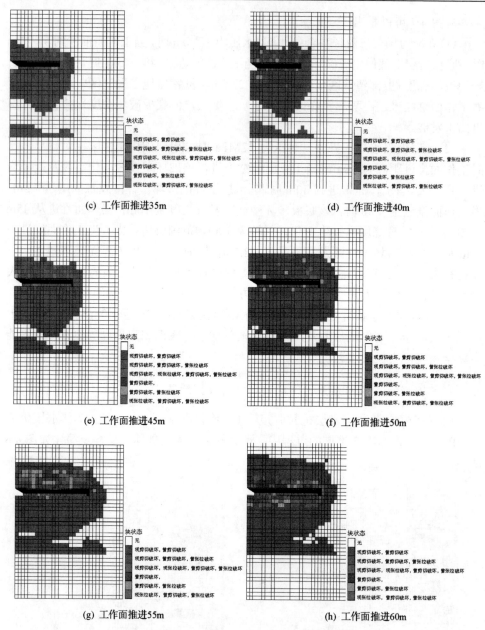

(c) 工作面推进35m　　　　　　　　　　(d) 工作面推进40m

(e) 工作面推进45m　　　　　　　　　　(f) 工作面推进50m

(g) 工作面推进55m　　　　　　　　　　(h) 工作面推进60m

图 4.8　水压 12MPa、隔水层 2 底板破坏过程

从图 4.8 可以看出：

（1）水压为 12MPa，隔水层岩性抗拉强度较小时，在应力场与渗流场耦合条件下，当工作面推进到 5m 时，底板岩层上部便开始出现破坏塑性区；当工作面推进到 40m 时，底板岩层的采动破坏深度（上部塑性区范围）即已达到 30m，位置

出现在采空区中部左右；随着工作面继续推进，底板破坏深度保持稳定，不再向下发展，底板破坏范围向推进方向延伸。

(2) 在底板隔水层下界面，该条件下工作面推进距离在 5～10m 时，底板开始出现破坏塑性区，而后塑性区逐渐向上及向两边扩展。当工作面推进到 40m 时，隔水层下界面破坏塑性区发育高度达 10m；工作面推进从 40m 到 45m 时，发育高度未发生变化，保持为 10m，范围有所扩大。当工作面推进至 50m 时，该底板下部破坏塑性区发育高度到 12.5m；随着工作面继续推进，该塑性区范围继续扩大。

(3) 当工作面由 50m 推进至 55m 时，底板下部塑性区向两侧延伸开始与上部塑性区贯通。工作面推进至 50m 时，底板破坏上下塑性区贯通明显，并继续扩大。当工作面推进至 60m，从图 4.8(h) 可看出，贯通位置处塑性区呈扩大趋势，且下部塑性区整体向上有所导升。由此分析可知，底板突水通道形成(上下塑性区贯通)后，随着工作面继续推进，通道的范围扩大、路径增加，即突水量增大、突水点增多。

(4) 从底板隔水层上下两个破坏塑性区的发展来看，采动底板破坏深度(上部塑性区)与承压水导升高度(下部塑性区)具有一定的演化规律，采动底板破坏深度随工作面开采先向下扩展后逐渐趋于稳定，承压水导升高度在工作面 40～50m 时相对较为稳定，整体随工作面推进一直具有向上导升变化的趋势。

4.2.5　方案模拟结果比较分析

从三种方案的模拟结果，可以得出不同条件下的底板破坏深度变化规律与承压水导升高度变化规律，如图 4.9、图 4.10 所示。

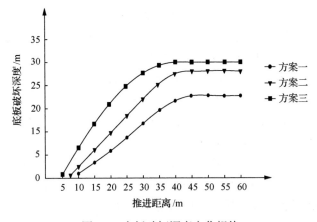

图 4.9　底板破坏深度变化规律

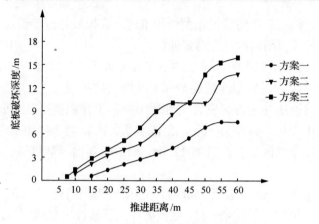

图 4.10 承压水导升高度变化规律

研究底板破坏规律及突水通道形成过程，结合图 4.7～图 4.10，将不同模拟方案进行对比分析，可知：

(1)从水压 6MPa 与 12MPa 的数值模拟结果分析底板破坏深度与承压水导升高度，如图 4.10 所示，水压变化将影响底板破坏的深度与承压水导升高度，呈正比例变化。水压增大，直接承压水向上导升高度增加，底板破坏程度增大，同时通过渗流场与应力场的耦合作用影响，使得底板破坏深度加大。

(2)从隔水层的性质变化来看，水压相同时，底板隔水层的抗拉强度越大，岩性越强，抗破坏的能力越大，阻水性能越好，即隔水层性质将影响突水通道的形成过程(形成时间与通道大小、位置路径)。

(3)采动底板岩层上部破坏最终形态具有"倒梯"形的特征，下部承压水导升区域变化往往开切眼和前方煤壁下方导升较快，随着工作面不断推进，采空区中部下方导升高度最大，最终形态演化为"W"形的特征。在采动底板破坏的程度上，采动底板破坏深度及范围明显大于承压水导升程度，那么由此可知，采动底板影响破坏带的发育程度成为深部采动完整底板是否发生突水的关键因素。

(4)突水通道形成过程是渗流场与应力场耦合作用产生的结果，与水压大小、隔水层性质、工作面推进距离密切相关，当承压水水压较大、底板隔水层性质较弱时，有利于底板突水通道形成，且形成时间短，此时工作面推进距离相对较小；水压、隔水层性质一定的条件下，工作面推进距离越大，越有利于形成突水通道。

(5)从底板突水通道形成的过程分析，在长壁开采工作面推进情况下，采空区中部最容易发生突水；通过数值模拟底板破坏塑性区变化图来看，前方煤壁与开切眼位置下方区域底板破坏较为集中，上下塑性区出现较早；因此在工作面推进前期，此区域底板危险性较大，容易出现突水点。

4.2.6　主要结论

通过突水通道形成与动态演化过程的数值模拟结果分析，本章得到以下主要结论。

(1)底板突水通道的形成过程也是底板破坏的过程，是应力场与渗流场耦合条件下共同作用的结果；在整个过程中，应力场受采动影响变化，渗流场与采深和水压相关，同时应力场与渗流场具有互相影响的作用，均通过岩层裂隙面体积应变来实现。

(2)在工作面推进过程中，采动底板破坏深度随采动影响逐渐向下延伸而后趋于稳定，最终破坏形态具有"倒梯"形的特征；承压水导升高度往往随开采活动逐渐向上演化，工作面推进距离越大，导升高度越大，底板破坏形态最终演化成"W"形。

(3)底板突水通道的形成与演化过程受水压、隔水层性质等因素影响，水压大、隔水层岩性较差、工作面推进距离大，则有利于通道形成；突水通道形成以后，当工作面继续推进，通道逐渐扩径，底板下部塑性区演化比上部剧烈，承压水导升范围逐渐扩大，则水量也增大，同时突水路径也逐渐增多。

(4)通过数值模拟分析底板塑性区的变化，提出了长壁工作面开采高压底板采空区中部容易发生突水，同时，开切眼与前方煤壁下方底板区域也具有较大的突水威胁性。这一结论与力学分析和物理试验结果具有一致性。

第 5 章　深部采动底板突水主要因素模拟手段与物理模拟试验系统研发

深部开采环境中，岩-水-应力等多相耦合问题，极其复杂且难以直接获取瞬时信息，成为研究和解决矿井突水问题的一大技术难题。因此，建立有效系统化的物理试验平台，并运用多种高科技手段实施实时监测，成为探究深井突水机理及前兆信息的有效手段和途径。

底板裂隙形成与演化研究的深入性、可靠性与试验系统平台密切相关。本章结合矿井突水的 5 种主要因素，考虑深部围岩开采三高一扰动特殊问题，完成设计深部采动高水压底板突水物理模拟试验系统；并研究监测手段，用于采集底板应力、应变及水压、水量的变化，进而定量分析岩-水-扰动耦合状态下突水通道形成与演化特征。试验平台的建设与完善，为下一步结合自制新型流固耦合材料，进行开展物理模拟矿井突水试验及其相关预测预报研究提供必要硬件基础。

5.1　试验系统研发目的及要求

5.1.1　试验系统研发背景及模拟要求

1. 底板突水的主要影响因素及模拟手段

要真实地模拟矿井突水问题，必须有效的分析影响矿井突水的相关主要因素。矿井突水作为一种地质现象，过程极其复杂，尤其表现在深井煤层底板突水问题上。据大批学者、科研人员研究资料，对我国华北地区煤层底板突水问题，主要影响因素可归纳为 5 个方面：水源、地质构造、采掘活动、底板岩性和水压。

1) 水源

水源是造成矿井突水的必要因素，不同的水源进入矿井的通道多有不同，所以，不同性质的水源形成的矿井突水机理也是不同的。

对于煤矿来说，水源主要分为地表水和地下水两大类。地表水赋存在地球水圈中，包括在海洋、湖泊、河流、水库、稻田、水渠和塌陷坑中的水；地下水赋存地球岩石圈中，指积聚在岩石空隙中的水，包括松散层中的含水、基岩含水、岩溶水、老采空区积水和钻孔积水等。煤矿常见的水源如图 5.1 所示。当煤层下方的水源具有一定压力时，则对煤矿的安全开采构成水害威胁，此时带压开采易造成煤层底板突水。

模拟水源时，可采用岩层上部或下部放置水箱、水囊，或通过在岩层内部埋设水袋等方式实现。

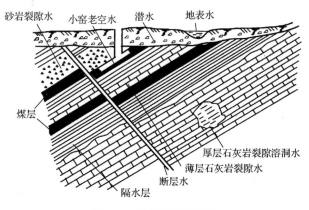

图 5.1　煤矿常见的水源

2）地质构造

煤矿突水问题绝大多数是由于地质构造造成的，而且，据统计 80% 案例与断裂构造有关。地质构造往往成为矿井突水的有利通道，如图 5.2 所示，物理模拟是应该加以重视。

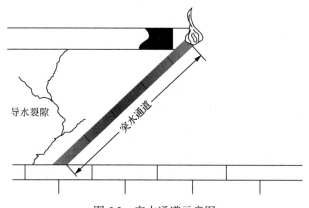

图 5.2　突水通道示意图

造成煤矿水害事故发生的主要地质构造包括断裂构造、陷落柱和褶曲等。由于褶曲变形，在其轴部裂隙较为发育，使得底板隔水层的隔水能力大大降低。陷落柱发育于灰岩中的溶洞，其存在易成为赋水性丰富的区域，一旦揭露或靠近引发突水，往往造成特大型突水事故。断裂构造包括断层和裂隙等。裂隙和断层的断裂面的存在，本身就破坏了底板隔水层的完整性，在采矿扰动情况下，断裂构造破坏区域进一步扩展、发育，从而更易有利于水源的导升，形成突水通道。

地质构造的模拟，可以通过改变物理模型铺设方法技巧模拟断层，植入不同物体模拟断层、陷落柱、弱面、裂隙，也可通过改变与底板相接触的出水孔的形状，来模拟裂隙。

3) 采掘活动

采掘活动是一种人为因素，它是矿井突水的诱导和触发因素。采掘活动对突水的影响，大体可从采煤工艺和矿山压力两个方面考虑。人为的采掘活动使得煤或岩石从地下空间采出后，打破了原有岩层的应力平衡状态，引起岩体内部应力的重新分布，形成矿山压力。不同的采煤工艺决定着开采方法、工作面布置方式的不同，甚至对开采空间的大小也起到一定影响。

工作面的布置方式，在一定程度上决定了开采空间的大小，而在一定条件下，开采空间的大小决定着底板的突水与否。工作面斜长越大，采厚越大，采出空间越大，工作面周围支承压力越大，底板的破坏程度越大，突水的可能性也越大。不同的采煤方法对工作面的突水与否也起着控制作用。采用短壁工作面开采、条带开采、充填开采，将有效减少甚至避免突水事故的发生。采煤工艺的相关因素都会对矿山压力产生较大影响。矿山压力的出现，使得围岩岩层应力场重新分布，底板岩层产生法向压缩和膨胀变形，部分区域产生应力集中，导致了底板的变形破坏；并且，在矿压作用下，裂隙进一步的扩展、连通，断层趋于活化导水，岩溶陷落柱发育带引起隔水层的塌落破坏，这都增大了矿井形成突水的可能性。

实际模拟试验中，除等效布置相似物理模型外，针对工作面斜长、推进时间、开采步距等具体参数，应根据相似模拟理论进行换算，再实施模型开采。

4) 底板岩性

煤层底板岩体的强度是矿井突水的阻抗因素，也是关键因素，是承压水上煤层开采的安全屏障，因此，底板岩层的阻抗水能力（抗水压大小）是一个十分重要的参数。

矿井底板岩层突水现象发生、发展的原因在于由岩层组合、构造、裂隙等构成隔水层强度及岩层重力所体现的岩石抵抗力，与采掘活动形成的矿山压力、下伏含水层的水压力和当地的地应力组成破坏岩石天然强度的破坏力之间，进行相互作用而使底板岩层的阻水性能下降。影响底板隔水层的阻水、隔水能力的因素是多方面的，除地质构造及底板破坏程度等以外，岩层的矿物组成、岩性组合是关键所在，即底板岩体的岩性对岩体的强度起着决定性的因素。底板岩层的阻水、隔水能力主要的反映参数就是岩层的渗透率，渗透率越高，则岩层阻止水通过的能力越差，隔水性能越差；渗透率越低，岩层阻止水通过的能力越强，隔水性能越好。实践和理论都证明，当底板为不同岩性组合时，直接底板岩层自上而下为硬软结合时，上部岩层硬度大挠度小，岩层间不产生离层裂隙，此类岩性组合对承压水上开采最为有利；相反，如直接底板岩性自上而下为软硬组合，则底板弯曲挠度大，离层裂隙容易形成，便对突水通道形成最为有利。

研究相似物理模拟试验中底板岩性的问题，关键在于研制非亲水流固耦合材料，进而掌握物理模拟流固耦合材料相应配比。基于前几章节所述，改变相似模拟材料相应成分组成，可以达到模拟相应强度、渗透性等参数的不同岩性的岩层。

5) 水压

水压力是底板突水的动力。如果说水源的性质决定突水的形式，富水性的情况决定水害的规模，那么水压的大小就决定着突水的概率。

水压在突水通道形成过程中的力学作用，大致可分为两个方面。

一是承压水对底板岩层的顶托作用。煤层采出后，采空区的底板岩层处于卸压区，上面无荷载，形成自由面，此时，底板之下承压水压力依然保持不变，便对底板岩层的形成向上的主动顶托力。此力作用下，底板岩层将产生一个附加应力场，使得采空区下方底板岩层底部岩体的水平应力降低，同时产生纵向剪应力，进而底板岩层底板逐渐产生裂隙，趋于破坏。

二是水压对底板岩体裂隙结构面的动水压力扩展作用。由于承压水水压的存在，水源在结构面内渗透流动，形成一定的渗透压差，即动水压力。动水压力对底板岩体的裂隙扩展，如图 5.3 所示，产生 3 种作用：①水楔作用。动水压力在裂隙内呈现导升现象，对裂隙尖端岩体结构面产生法向应力分量，使得结构面发生变形，致使裂隙进一步向水压方向扩展；②冲洗作用。在动水压力的作用下，裂隙岩体内的充填物在渗透方向上发生位移，并不断被水压力运移、带走，使得裂隙通道进一步的通畅；③扩径作用。动水压力在裂隙岩体内不断增加其孔隙度、透水性和渗透速度，当渗透速度增加到一定程度时，水分子逐渐带走岩石颗粒，致使结构面不断冲刷扩展，孔隙度不断增加，最终在岩体裂隙内形成集中渗透通道。

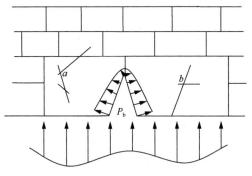

图 5.3　动水压力在裂隙中的扩展作用示意图

a、b.裂隙；P_b.动水压力

此外，岩石长期浸水后产生软化，其强度、力学性质明显降低，有利于裂隙产生，并且在水压力作用下，水源沿裂隙向上逐渐导升，威胁采煤工作面。

承压水压力不大时，一般可以通过连通器外接水源实现。此时，水源被放置一定高度，下部连接到煤层底板，通过自重实现水压力。当模拟深井承压水、水压力要求较大时，可以通过水泵供水或液压油加压供水实现，此时，要求具有良好的软硬件系统环境，才能够有效控制水压、水流，保持恒压或恒流。

2. 深部开采三高现象

矿井进入深部开采以后，岩石力学特征有了新的变化，如前所述(第2章底板采动破坏特征与高压水作用力学分析)；同样，与浅部开采相比，深部开采的条件更加复杂，环境也受到高地应力、高地温、高水压等"三高"特殊环境的影响。由于采场物理模拟实验模型的几何尺寸比例最大一般为1：50，再大将难以实现，所以，针对温度场，即使是深井高地温(如200℃/km)，室内温度也将能够满足实验要求，故一般未进行特殊考虑。物理模拟深部开采围岩环境，重点考虑以下三个方面内容。

1) 岩石力学性质

与浅部相比，深部岩层具有特殊的地质条件。深部岩体形成具有漫长的地质历史背景，埋藏时间也相对更早，同时，埋深越大的岩体，埋藏时间也越长。这种情况下，使得深部同种岩性的岩石比浅部岩石更加致密、更加均质。深部岩石环境受到高地温、高地应力的影响，岩体的力学性质也发生了变化，岩石的强度也呈现出增加趋势。

2) 围岩力学环境

深部工程围岩的地质力学环境更加复杂，其中一个重要影响因素就是高地应力。据南非地应力测定，在3500～5000m深度，地应力水平为95～135MPa。高地应力的形成除上部岩体自重载荷引起之外，还要受到构造应力场或残余构造应力场的叠加效果影响。这种异常的地应力场，使得深部岩体处于更高的三向受力状态。由于工作面采空区围岩应力平衡状态被破坏，处于卸载状态的岩体受高地应力影响更为明显。

3) 高承压水效果

研究表明，当采深大于1km时，其岩溶水压甚至高达十几兆帕。随深度的增加，承压水的水压也逐渐升高，其作用在底板上的力学效果也趋于明显。水量丰富、水力联系较好、水头压力大的承压水，对底板的破坏力度加大，影响区域范围扩大，裂隙扩展更为明显，将使得煤层底板有效隔水层厚度减小。当采空区尺寸加大时，长时间作用于底板上的承压水水压力，向上的力矩效果更强，采空区底臌更为明显，底板的破坏深度进一步增加，矿井突水的概率也随之提高。

深部开采的复杂力学环境，决定了在物理模拟试验时，紧紧依靠材料自重或单一加载载荷很难模拟高地应力等深部岩石力学特征，必须从竖向和横向同时对试件加载载荷，使其三向有效受力，才能较好的模拟相应力学环境。同样，模拟深井高承压水，也必将通过动力加载载荷，实现对水源有效控制加压，保证实验相应要求。

5.1.2　试验系统研发目的意义及内容

对于煤层底板突水问题，至今研究机理理论较为多样，加上近年来各种模拟软件如 FLAC^{3D}、ANSYS、Comsol Multiphysics 等数值手段的不断研究深入，已在突水前岩体的渗流场、应力场等方面，取得了一定的成果。但是由于底板突水问题较为复杂，含水构造岩体系统所处水文地质随机性大，尤其是矿井逐渐向深部开采，诱发因素较多，仅仅依靠理论研究、数值模拟收到难以进行验证分析，无法为底板突水过程有较为全面的认识和分析。因此，开展采动煤层底板突水相似模拟试验系统研究具有重要的理论价值和工程意义。

深部采动高水压底板突水相似模拟试验系统的研制，属国家自然科学基金重点项目"深部煤层开采矿井突水机理与防治基础研究(51379117)"课题的内容之一，依托山东科技大学矿山灾害预防控制国家重点实验室(培育)完成。矿井突水是矿井重大灾害之一，也是山东科技大学矿业与安全工程学院重点实验室四个主要研究方向之一，该研究旨在通过采动煤层底板岩体的破坏特征及岩、水多场耦合变化规律和渗流、突水现象的前兆信息的研究，重点解决采动岩体底板破坏突水机理问题，直观反映出各种条件下底板突水的工程现象，定性研究各种条件下突水现象、定量分析突水演化机理；理论实际相结合，为矿井安全、工作面突水的可靠预警及控制奠定一定的实验和理论基础。

该系统试验台的研制，以煤层底板突水因素水压、底板岩层、地质构造、采矿活动为主要研究对象，以岩体渗流突变诱发应力场、温度场、位移场以及地球物理场的变化特征为主线，分析岩层性质、地质构造、采矿活动以及水压大小等因素变化对底板破坏模式、突水点位置及突水前兆信息的影响，深入探讨采动煤层底板突水的机理、特征、规律等，重点研究采矿煤层底板破坏突水工程现象的诱发、发生、发展等过程的时空演化规律，建立多场耦合的底板破坏力学模型和突水识别模型。

试验的基本研究路线如图 5.4 所示，具体内容可简化分为以下 3 个方面。

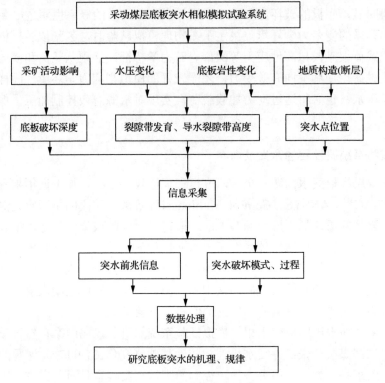

图 5.4 试验模拟技术路线图

(1)全面反映采动煤层底板突水的过程。研究完整底板和有地质构造(断层、陷落柱、裂隙)的底板,在煤层采动不断推进过程中,发生底板突水的前兆、位置等相关信息,模拟不同底板模块情况下真实底板突水现象的全过程。

(2)研究水压与底板岩性的破坏关系。通过改变材料的配比,达到不同底板岩性的目的,以及不同岩性组合底板的情况,如软性、硬性底板,软硬结合、相间等底板岩性,同时结合研究水压变化的条件下,底板岩层的裂隙发育规律、导水带高度的变化关系。

(3)采动推进过程与底板破坏的深度的关系。根据推进速度、方向的不同,采空区大小情况,研究底板的破坏深度,采集相关前兆信息,分析裂隙贯通规律、突水通道演化过程及突水点位置的变化情况。

5.2 物理模拟试验台设计

5.2.1 相似模拟基本理论

一般来说,相似模拟可分为两种。一种是数学模拟法,用电子计算机按一定的程序来替代物理过程进行模拟计算而取得结果。另一种是实验室中的物理模型法，这是一种利用实物的模拟方法。本节采用后者模拟，首先测定工作面岩层的物理力学参数，然后在一定的模型架中以一定比例制成模型，使其物理力学性质按相同比例变化，以模拟的方法去研究现场真实的全过程及规律，这是一种相似物理模型方法。

现场矿井突水的研究，需要较多的人力、物力，所做的工作量很大，耗时多，周期长，费用大，而突水通道的演变过程和底板岩层应力作用情况都不可能直接观测到，在观测时又经常受到生产工作的影响，难以取得较好的成果。相似物理模型试验可以直接观测到矿井突水实验的整个过程和内应力作用情况，能人为的改变底板围岩的条件进行新技术、新方案的试验，并且能提供较有价值的参考数据，从而解决目前理论分析中尚不能解决的一些课题。

此外，相似物理模型方法也有一定的局限性，现场岩石力学、水动力学、工程地质学及矿山压力的活动规律、受力状态等比较复杂，弱面、层理、节理较多，发育不同，直接影响了矿井突水通道演化规律。因此，相似物理模型方法必须与现场实测、理论分析等方法相互配合使用，方可达到预期的效果。

进行固体相似物理模型试验时，模型和被模拟体之间必须满足在几何形状方面、质点运动的轨迹以及质点所受的力等三方面相似，其具体几何、力学关系表示如下。

1. 几何相似

几何相似要求模型与原型的几何形状相似，二者的几何尺寸(包括长、宽、高)均保持一定比例，即

$$\alpha_l = \frac{l_m}{l_p} \tag{5.1}$$

式中，α_l 为模型比例尺寸，称为几何相似常数；l_m 为模型几何尺寸；l_p 为原型几何尺寸。

2. 运动学相似

运动学相似要求模型与原型中各对应点运动相似，运动时间保持一定比例，即：

$$\alpha_t = \frac{t_m}{t_p} \tag{5.2}$$

式中，α_t 为时间相似常数，或称时间比例；t_m 为模型质点运动时间；t_p 为原型质

点运动时间。

根据牛顿定律及岩层移动的相似准数推导方法，可以得出时间比例与模型比例 α_l 的关系为

$$\alpha_t = \sqrt{\alpha_l} \tag{5.3}$$

3. 动力学相似

运动学相似要求模型与原型间作用力保持相似，即

$$\alpha_M = \frac{M_m}{M_p} \tag{5.4}$$

$$\alpha_F = \frac{F_m}{F_p} \tag{5.5}$$

式中，α_M 为质量相似常数；α_F 为作用力相似常数；M_m 为模型单元体积质量；M_p 为原型单元体积质量；F_m 为模型质点受力；F_p 为原型质点受力。

根据牛顿第二定律，$F = Ma$（M 为物体质量；a 为重力加速度）和公式 $\alpha = F_m / F_p$ 可推导出力场与力的相似条件为

$$\frac{N_m}{\rho_m L_m} = \frac{N_p}{\rho_p L_p} \tag{5.6}$$

$$N_m = \frac{\rho_m}{\rho_p} \frac{L_m}{L_p} N_p = \alpha_l \alpha_\rho N_p \tag{5.7}$$

式中

$$\alpha_\rho = \rho_m / \rho_p \tag{5.8}$$

N_m 为模型上的应力；N_p 为原型上的应力；ρ_m 为模型密度，ρ_p 为原型密度；L_m 为模型尺寸；L_p 为原始尺寸；α_l 为模型比例；α_ρ 为密度相似常数。式(5.7)是力场与力的相似条件式。只有满足上述条件，模型上所出现力学过程才与实际原型上的力学过程相似。

同时，针对深部矿井开采底板突水问题，因为涉及深部岩石力学、矿山压力、固体力学、水文地质学、渗流力学及水动力学等多个学科，所以此类问题进行物理模拟实验不能简单只考虑固体变形。深部矿井开采底板突水是底板岩石固体变形破坏与高压水源渗流演变及其两者相互耦合作用的演化过程，是一种复杂的流固耦合问题。

目前，流固耦合理论的研究相对较少，还不成熟，研究方法主要包括细观尺

度水平上的微观研究方法和以连续介质概念为基础的宏观研究方法。针对煤矿底板突水问题，其机理是固、流两相部分或全部重叠在一起，表现在渗流过程中是固体介质整体变形和孔隙变化时应力和孔隙压力互相作用的结果。在渗流状态下，流固耦合相似准则可运用相似理论由流固耦合数学模型推出，但仅仅适用于相似材料线弹性变化阶段。弓培林、胡耀青、赵阳升等根据均质连续介质的流固耦合数学模型，推导出流固耦合模型试验常规相似比及渗流相似比，即

水压力相似比：$C_p = C_r C_l$

源汇项相似比：$C_w = 1/\sqrt{C_l}$

储水系数相似比：$C_s = 1/C_r \sqrt{C_l}$

渗透系数相似比：$C_k = \sqrt{C_l}/C_r$

式中，C_r 为体积力的相似比；C_l 为几何相似比。

试验满足相应流固耦合条件，相似材料则在试验中必须能反映出材料变形破裂、水流动渗透性的演变及耦合产生应力场的变化，所以，进行底板突水相似物理模拟实验的重要前提也是研制具有能够满足流固耦合理论的相似模拟材料。

此类用于模拟流固耦合的相似材料，除满足固体变形外，还应具有一定的渗透性。并且，在物理模拟实验流固耦合过程中，能够长时间浸泡于液体中没有较强、较明显、较特殊的化学反应，不改变其相关特性。本节课题组研制的新型相似模拟材料，符合上述条件要求。

总之，对深部开采煤层底板突水问题的相似物理模拟，应该从渗流场和应力场共同作用的角度考虑，必须满足一定的相似模拟理论，才能具有与现场工程实际相吻合的基础。

5.2.2　试验台模型简化设计

所采用的相似物理模拟方法是在确保相似条件的情况下，应对物理模型作尽可能的简化，进而再对相应系统结构进行完善。

研制深部采动高水压底板突水相似模拟试验系统，重点考虑设计内容放在应力场和渗流场的模拟上，应对此进行简化设计。本相似模型试验和主要针对不同的岩性组合、含导水地质条件进行突水物理模拟，包括基础模型试验和扩展模型试验，即开展不同岩性的底板岩体、含水构造位置和断裂带、断层参数变化的突水模型试验。基于流固耦合试验研究现状，拟采用物理模型来模拟矿井底板突水，对模拟材料的均匀变形适应能力较强，即可在相似模型内产生均匀应力场。

有效针对深部开采底板突水的主要因素进行模拟，即高水压、高应力、底板条件等，对于试验台主体模型可简化为图 5.5、图 5.6 所示，主要设计内容如下。

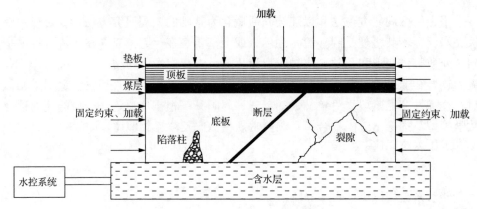

图 5.5　试验台主体初步设计示意图

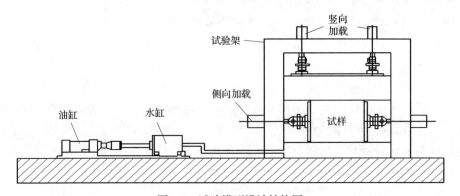

图 5.6　试验模型设计结构图

1. 高应力模拟

通过液压伺服加载装置，进行竖向、横向加载载荷，可实现深部岩层载荷模拟。同时，对第三向边界进行约束，在双向加载时，便可实现在模型内具有高应力的效果。如若条件需要模拟浅部煤层开采时，根据相似比例计算，改变竖向、横向加载力度即可。在加载油缸与相似材料接触部位，可添加钢板或刚性垫块，从而使加载载荷有效的均匀的向下传递。

2. 底板条件模拟

底板条件模拟为试验模块设计，可将不同性质的底板岩层设计成不同的底板模块，方便进行各种条件下的试验研究。通过改变相似模拟材料中相应成分(如砂、碳酸钙、石蜡等)的配比，达到不同力学性质的材料；根据需要，对不同力学性质的相似材料进行组合，如上硬下软，软硬相间等，进而模拟不同底板岩层岩性的组合条件。同时利用不同模块对接，植入断层、陷落柱或弱面、裂隙等，形成含不同性质的地质构造的底板条件。针对模型底板模块部分，可通过油缸进行单独加载，不但可以有效固定底板模块，也可通过横向加载，单独模拟高地应力的底板破坏情况，以便于位控和力控。同时针对特殊地质构造的底板条件，如断层构造，横向加载可使断层构造活化或压实，从而改变断层构造带的影响破坏带大小，以适应实验模拟的需要。此部分模型设计，考虑用钢化玻璃前后面封闭，下部或内部铺设传感器，及时观察内部裂隙扩展情况及渗流场变化。

3. 高水压模拟

关于高水压源的模拟，根据相似模拟比例和常用液体密度表(表 5.1)，很难在试验条件下选取。所以，常温试验条件下，考虑试验成本等原因，模型中的液体(水源)模拟材料一般仍选取水。试验中模拟高压水源，必须满足能够提供足够的水压力条件，并且有效地将水源密封在模型内部，试验中始终不会泄漏降压，影响试验结果。

表 5.1　常用液体密度表

名称	密度/(10^3kg/m^3)	名称	密度/(10^3kg/m^3)
汽油	0.70	人血	1.054
乙醚	0.71	盐酸(40%)	1.20
石油	0.76	无水甘油(0℃)	1.26
乙醇	0.79	二硫化碳(0℃)	1.29
木精(0℃)	0.80	蜂蜜	1.40
煤油	0.80	硝酸(91%)	1.50
松节油	0.855	硫酸(87%)	1.80
苯	0.88	溴(0℃)	3.12
矿物油(润滑油)	0.9~0.93	水银	13.6
植物油	0.9~0.93	水(0℃)	0.999867
橄榄油	0.92	水(2℃)	0.999968
鱼肝油	0.945	水(4℃)	1.000000
蓖麻油	0.97	水(18℃)	0.998621
氨水	0.93	水(20℃)	0.998229
海水	1.03	水(40℃)	0.992244
牛奶	1.03	水(60℃)	0.983237
乙酸	1.049	水(100℃)	0.958375

注：未注明者为常温下。

为此，该部分设计为具有一定支撑结构的不锈钢水槽，上部有网状开口，可使煤层底板直接与高压水接触。网状开口处可设置流量传感器，对水压和水流量进行有效监测采集。开口上下均有空心橡皮圈,作用于水箱上部与煤层底板下部,用于密封。如图 5.7 所示,此结构设计为系统的重要难点和特色。水槽左侧外连水压控制系统装置,有效控制水压,实现高水压的状态下的保压功能以及变水头压力条件下的动水压作用效果。右侧下方有出水孔,便于试验结束后放水。水源为有色水,便于观察分析承压水的导升、扩散及渗流路径等情况。

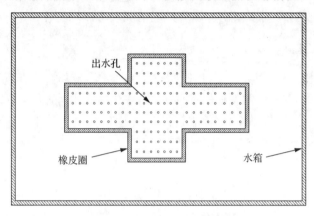

图 5.7   水箱顶部开口平面视图

5.3   试验台系统结构

5.3.1   试验台及主体结构

根据相似模拟原理及相似条件,自主研发了深部采动高水压底板突水相似模拟试验系统,该系统的设计和研发,主要针对高水压、高应力情况下的固-液两相介质的耦合模拟。试验台设计尺寸为 1800mm×2000mm×900mm,如图 5.8 所示,模型架主体模块前后两面装有可分开拆卸的有机玻璃板,实验过程中,可观察到高压水源渗流情况和煤层底板位移变化以及流固耦合状态下突水通道的进一步扩展情况。试验台系统主要有以下几部分组成:水压控制系统、伺服加载系统、主体模块、计算机采集系统。

试验主体模块是试验台系统的主体,从上往下可分为:安全外壳、龙门架、竖向加载油缸、侧向加载油缸、反力架、试验盒、水箱、水盆、底座和轴承。安全外壳除了使试验台整体紧凑美观外,还具有防护作用,能够有效防止实验室内部灰尘进入系统结构,延长使用寿命。龙门架采用框架钢结构形式,除特殊结构对接面有螺纹连接外,均为焊接而成,拥有足够的刚度和强度,对油缸加载载荷的反作用及部分结构原件自重提供有效的支撑,保持试验台模型架整体的稳定性。反力架的左侧与相似模拟材料接触部分采用钢板相连接,在侧向油缸向内加载时,

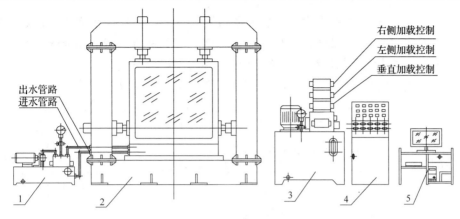

(a) 系统总装配图

(b) 实物图

图 5.8　试验台

1. 水压站系统；2. 主机；3. 液压站系统；4. 电器控制系统；5. 计算机控制系统

相似模拟材料对反力架产生作用力，反力架通过龙门架的支撑，进而对相似模拟材料产生侧向反作用力，并同侧向油缸形成水平方向的双向作用力。在实验前，将对反力架连接钢板下部打入密封胶，实现对高水压的密封。

水箱是不锈钢结构箱体，尺寸为 1200mm×910mm×300mm，如图 5.9 所示，内部有钢结构支撑架板，对上覆相似材料模型起到有力支撑，各支撑架板上面有孔隙，能够方便水箱内进行水力联系。水箱外侧背面有钻孔，通过高压液压管与水压控制系统直接相连。同时水箱钻孔穿插数采集线，外接到采集系统，内部连接传感器。水箱外侧钻孔均装有橡皮塞，有效密封内部水体，防止漏水泄压。

水箱下部为外设的不锈钢水盆，水盆倾斜向上开口，上部敞口尺寸为1260mm×960mm，下部铸铁密封尺寸为 1230mm×930mm，高 250mm。水盆敞口尺寸比上部水盆及相似材料试验盒从长、宽上多出至少50mm，在实验进行时，能够收住掉落的相似模拟材料及流淌水体等物体，保持实验室卫生。水盆下部在对角处钻有排污孔，实验完毕后方便进行冲刷打扫，确保设备整洁稳定运行。水箱上方设有十字形开口，开口处有十字形不锈钢垫板，如图5.10所示，大小尺寸吻合水箱开口，在开口外侧有 5mm 凹槽，放置密封橡胶垫圈，如图5.11所示，厚 10mm，有效约束水体活动区域。垫板为上下两层板设计，上下表面均匀开设96 个出水孔，上面与相似模拟材料——煤层底板直接对接，下面是高压水源，垫板在出水孔处安置传感器，监测水压及水流量变化，通过数据线，连接到计算机采集系统。

图 5.9　水箱内部结构

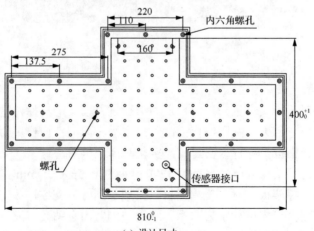

(a) 设计尺寸

(b) 实物图

图 5.10　出水孔垫板(单位：mm)

图 5.11　橡胶垫圈

水箱上部是相似材料模拟试验盒，试验盒尺寸为 1200mm×900mm×500mm，包含了盒体、垫块、密封材料、加载块等，盒体顶板、侧板等，均由高刚度钢板制成，通过螺栓连接固定在框架上，可实现实验盒系统拆卸和转换。前后为新型材料高强度密封材料——有机玻璃板，如图 5.12 所示，其既有一定强度、又能承受一定的变形，而且透明、摩擦力比较小，可以很好地隔离高压突水并观察到内部演化。有机玻璃板为多块不同尺寸组成，为适应实验相应底板厚度，板块宽度尺寸有 100mm、150mm、200mm 等多种型号。有机玻璃板通过螺纹与钢板连接在一起，形成中空的盒体结构，试验盒内部铺设配置好的相似模拟材料。每块有机玻璃板与钢板连接处至少含有四个螺纹，满足加载模型材料时的约束作用。同时，前后有机玻璃板连接前，在连接处涂抹密封胶，确保对模型材料的可靠密封，解决了流固耦合时，模拟材料外侧渗水的问题。在试件左侧和右侧通过加载单元施加独立侧向载荷，顶部施加垂向载荷，试件通过密封材料实现在滑动状态下仍然保持压缩密封。通过顶部不同材料垫块受压变形量的差异，实现岩块裂隙左右两部分的剪切位移。可应用控制器直接对突水进行伺服控制实现；恒定侧向刚度的控制，把根据测量得到的法向应力与法向变形计算的法向刚度值作为控制参数反馈给控制器来实现控制。

图 5.12　密封材料板

5.3.2　伺服加载系统

加载系统分为竖向加载和侧向加载两个，主要包括主机、水槽、压力传感器、变形传感器、位移传感器、EDC 测控器、伺服液压源等。加载框架包括 4 个加载油缸、主机框架、传感器、加载板等。主机采用框架结构形式，侧向加载油缸固定在框架上，传感器安装在活塞上。液压加载油缸连接加载板，直接对相似模拟材料模型进行侧向加压。侧向加载板上部可放置橡胶垫块，有效向下传递竖向加载时的均匀载荷。侧向油缸通过电机控制可进行上下移动，如图 5.13 所示，实现对不同厚度底板岩层的力控和位控两种形式的加载。加载力控是指试验盒两侧的侧压力保持不变，侧向的可移动传力加载板可随着侧压力的大小发生相应的变化；加载位控是指试验盒两侧的侧压力板位置保持不变，侧压力会在相似模拟材料模型开挖过程中发生相应变化。针对深部开采底板突水机制研究，相似模拟材料模型试验过程一般采用力控方式加载。

竖向加载机构包括加载油缸、压力传感器、位移传感器等。两个竖向加载油缸固定在龙门架上方，如图 5.14 所示，通过传力加载块对相似模拟材料模型顶部进行向下加压。当以后改变条件，模拟矿井煤层覆岩较薄情况时，装配相似材料模型较低，加载板到模型距离超出加载油缸行程，可加入刚性垫块，延长向下加载距离。系统竖向加载装置同样具有位控和力控两种加载方式。加载装置直接连接到伺服控制系统，控制系统与计算机内的专业软件对接，实现全伺服数字操控，为液压加载装置提供稳定动力。

图 5.13　侧向加载装置　　　　　图 5.14　竖向加载装置

控制系统采用德国 DOLI 公司原装进口 EDC 全数字伺服控制器，该控制器是国际领先的控制器，具有多个测量通道，每个测量通道可以分别进行荷载、位移、变形等的单独控制或几个测量通道的联合控制，而且多种控制方式间可以实现无冲击转换。在 EDC 中可以设置一个刚度控制通道，将根据测量得到的侧向应力与侧向变形计算的试件侧向刚度值作为控制参数反馈给 EDC 控制输出通道，这样就可以实现常侧向刚度控制。EDC 的测控精度高、操作简便、保护功能全，可以实现自动标定、自动清零及故障自诊断。

试验台加载系统的主要技术指标为：垂直加载单元，最大垂直荷载达 300 kN，作动器最大行程达 400mm，位移传感器量程达 30mm，测量控制精度达到示值的 ±1%；侧向加载单元，最大水平荷载达 300kN，作动器最大行程达 200mm，位移传感器量程达30mm，变形控制取多支位移传感器平均值，测量控制精度达到示值的±1%；伺服控制部分，荷载加载速率最小最大分别达 0.01kN/s 和 100kN/s，位移加载速度(位移控制)最小最大速率分别达 0.01mm/min 和 100mm/min，位移控制稳定时间为 7 天，其测量控制精度达到示值的±1%。

5.3.3　水压控制系统

高水压加载系统如图 5.15 所示，主要包括水槽、柱塞泵、稳压器、缓冲器、隔离器、流量计，安全阀等。该系统可以实现多级可控的恒定突水流量控制，并在 EDC 控制系统软件中设置一个压差控制通道，来测量进口压力和出口压力的差值。水压控制系统通过高压软管与试验台水箱连接，柱塞泵与注水压头由高压软管连接，将水槽内的水注入试件。为了便于实验观察高压水源渗流效果及突水通道演化过程，水槽内加入红色颜料，形成有色水体。

图 5.15　高水压加载系统

突水压力伺服稳压系统即水压控制系统(稳态法和瞬态法)，最大水压力(突水)能达 1.5MPa，进水口和出水口分别设置流量、水压测量装置，精确测量不同突水流量。试验机有足够的刚度，保证机架刚度大于等于 5MN/mm。

5.3.4　监测采集系统

目前，在相似材料模拟试验中，常采用的监测手段主要分为以下几种。

1. 传感器技术

传感器技术应用较早、较为广泛，它是将一种能量转换成另一种能量形式。在模拟试验中，可用于监测应力、位移、水压等信息变化，常见的传感器有：电阻应变式传感器、位移传感器、压力传感器、光纤传感器。一般采用电阻应变式传感器，原理是其中的电阻应变片具有金属的应变效应，在外力作用下产生机械形变，从而使电阻值随之发生相应的变化。较为先进的是光纤传感器，具有体积小、精度高、防水性好、耐久度高等特点，并且在流固耦合状态下能够监测到微小的变化信息。

2. 高密度电阻率技术

高密度电阻率法是 20 世纪 80 年代才发展起来的一种新型阵列勘探方法，是基于静电场理论，以探测目标体的电性差异为前提进行的。该技术采集数据信息量大，可进行层析成像计算，成图直观，可视性强，采集装置种类多，仪器轻便。利用电阻率层析成像技术应用于矿井突水实验模拟时，能够以较高的采样率对岩层破坏情况实施自动监测，并实时采集反映岩层破裂、高压水活动等过程的动态电阻率变化信息, 从而监测采集到从裂隙发育到突水通道形成整个演化过程的重要前兆信息。

3. 数字化近景摄影测量技术

数码相机数字化近景摄影测量是从摄影测量中逐步发展起来的一种非接触式三维测量方法, 通常是指摄影距离在毫米以下至 300m 距离内的非地形摄影测量。该技术明显的优点是能瞬间获取被摄物体大量物理信息和几何信息, 特别适合于变形区域、滑坡、塌陷区等的作业。利用高分辨率数码相机进行相似材料模型变形监测, 完全可以满足矿山岩层和地表移动相似材料模型观测要求, 测定模型位移场的规律性符合实际情况, 同时可获得不同时刻的影像数据, 为全面研究变形动态过程提供了丰富的监测信息。

4. 其他监测手段

除上述监测手段之外, 为全面监测相似材料模型内部相关信息及演变, 试验中还有数字声发射、热成像及高速摄像等技术手段、监测设备。可对模型从点、线、面等不同角度、声、像、形等不同渠道, 全面监测采集模型围岩应力、位移、渗流及多物理场时空演变过程中的相关信息。

本模型试验台应用传感器技术, 模型在不同位置布设两种传感器, 通过传输线连接到采集系统(图 5.16), 再通过计算机软件进行采集控制, 全面监测采集水压、围岩应力等方面变化信息。在模型试验台水箱上部出水孔处均匀安置 96 个光纤传感器, 如图 5.17 所示。出水孔处的光纤传感器能够监测水压力的变化, 根据采集数据即可分析得知上部岩体破裂位置, 推断渗流场变化趋势。同时, 针对开采工作面位置下方底板岩层布设应力传感器, 采用 DH3816N 静态应变测试分析系统。在开采过程中, 监测底板岩层应力变化, 对高压水作用下的底板岩层应力场的演化以及突水通道形成的有利位置进行有效数据分析。

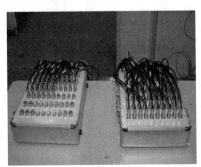

(a) 布设线　　　　　　　　　　　　　　(b) 采集系统

图 5.16　传感器布设线

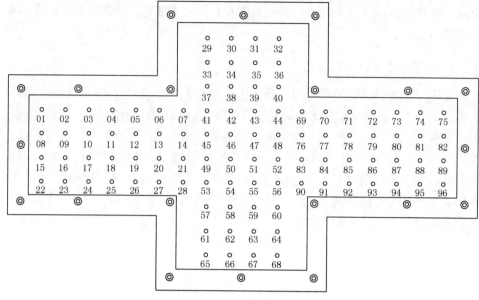

图 5.17　出水孔传感器布置图

5.3.5　其他主要辅助设备

此外，为全面满足现行试验要求，并充分考虑为以后试验条件延伸试验功能，深部采动高水压底板突水相似模拟试验系统配备了以下辅助设备。

1. 加热搅拌装置

加热搅拌装置主要用来对相似模拟材料进行均匀搅拌混合，方便下一步装模。一方面，部分物品，诸如石蜡、凡士林等需要先融化再进行加热；另一方面，如液压油、硅油等用于胶结的物质，必须加热到一定温度与其他骨料物品混合，装模冷却后方具有一定的力学性能，否则可能降低材料性能，影响试验效果。

加热搅拌装置主要包括液体加热锅、搅拌锅、温度计、煤气罐等装置。液体加热锅采用科瑞特单锅式液态导热锅，能够有效控制加热温度，操作简单、方便快捷、智能环保。搅拌锅上部尺寸为 1.2m 的圆形锅底，下部是加热炉，可通过煤气罐对搅拌锅进行加热，而且锅内放置有温度计，可测温度范围为 0~200℃，保证相似模拟材料在最佳性能范围之内。

2. 煤层顶板突水装置

目前，本试验台系统适用于深部开采底板突水条件，为延伸功能，有效开展模拟试验，研发者为此系统配备煤层顶板突水装置，能够适用于矿井煤层顶板突水条件模拟。顶板突水装置为橡胶水囊结构，具有较大伸缩性，可放置于试验台的加载油缸下方，根据模拟要求，实现模型煤层顶板突水的水源模拟。水囊采用弹性橡胶材料，配有冲水孔和排泄孔，根据实验需要可给水源配置一定水压力，进而模拟不同地质环境下的矿井工程实际情况。

第6章 新型流固耦合相似模拟材料研制与性能掌控

由于矿井突水地质现象的特殊性及危害性，研究人员无法从工程实践现场，直观观察到矿井突水前后的一系列煤岩层中裂隙时空演化特征，因此，在室内进行相似物理模拟试验，将是研究突水通道形成前后底板裂隙的发育、演化较为可行的途径。

在物理模拟试验中，选择合适的模型材料是物理模拟的关键环节之一。对于开展"固-液"两相耦合的模型试验研究，研制非亲水性相似材料是模拟的首要条件。

目前此类模型材料大致分为两种类型，一种是砂-石膏类相似材料，另一种是砂-石蜡类相似材料。第一种材料，受水浸泡后，强度迅速降低，尤其是高压水，甚至直接崩解，从而影响流固耦合试验的可操作性、真实性；第二种材料是为非亲水的相似模拟材料，通过不同配合比和不同成型压力，可得到性态变化幅度较大的模型材料，可应用于不同相似比要求的模型试验，而且材料易得、价格低廉、性质稳定且可重复利用，是一种较好的"固-液"耦合模型材料。

由于操作过程与材料成分的差异性，现行流固耦合相似模拟材料性能指标不全面、相似模拟度差，未从根本上解决流固耦合相似模拟问题，无法达到特殊地质现象物理模拟的试验效果；尤其是针对深井岩石的力学特性，相似模拟材料的研究有待于进一步深入考虑。因此，研制深井岩石新型流固耦合相似模拟材料并掌握控制材料力学特性的方法技巧，是对开展研究深井岩石流固耦合问题、探讨底板在高压水作用下破坏演化模拟试验的新进展。

6.1 研发要求及相似模拟原理

6.1.1 新型流固耦合材料要求

在流固耦合相似材料模拟试验中，国内外的研究大都没有考虑深部地质力学环境和相似材料的渗流性对流固耦合问题的影响，只是根据物理模拟理论进行叠加试验，有的资料陈旧，甚至错误较多，深部开采流固耦合相似材料问题未取得理想效果。

目前，深井开采底板岩石固液耦合相似材料研制方面的研究存在如下问题：

(1)对深部岩体地质力学环境考虑较少。深部高应力下的岩体状态如何，力学性质参数变化如何，在相似材料中如何根据深部岩体力学特征进行参数求取，尤其是在高水压作用下岩体的破裂机制如何，往往盲目性比较大，故研制相应模拟材料试验偏差也较大。

(2)流固耦合的相似模拟理论的研究尚未成熟，没有发展成为完整的体系。现有的实验结果，往往建立在固体变形方面，针对相似材料的渗透性及其耦合相似条件，没有形成准确的评价衡量标准。

(3)对相似材料中各成分配比效果作用及力学参数的试验方案不完善。研究发现，有的相似模拟材料亲水性强，无法完成耦合便已崩解，有的试验只测试材料模型的抗压和抗拉性质，对材料的渗透性能及脆性、大变形等分析不到位。同时对相似材料各介质的影响作用测试方案不完整，没能建立相似材料模拟介质的效果作用理论体系。

(4)试验模拟材料局限性大，不可控因素比较多。相似材料制作复杂，材料模型往往受温度、环境及设备影响，常用物质组成的相似模拟材料效果不理想，需要进一步结合室内试验，进行工程应用验证和理论研究。

本章研究目的在于能够通过大量的试验，研制适用于深部煤矿环境开采的新型流固耦合相似模拟材料；同时，在实验室内利用此类新型相似材料，借助相关仪器设备测试材料模型的物理力学性质参数、破坏变形状态及其他特性，以此成果来代替深部开采岩石地层来进行下一步研究矿井底板高承压水流固耦合问题。为了做到精确、满意模拟效果，相似模拟材料应满足以下要求或优点：①相似模拟材料为均质且各相同性；②相似模拟材料具有中高强度，渗透性特征明显，主要物理力学性质表现为相似于深部矿井砂岩、泥岩等岩层的相关力学性质；③相似材料模型表现为非亲水性，长时间浸泡不发生软化且各相关物理力学性质不会发生急剧下降；④通过改变材料介质间的配比，可使相似材料模型的相关物理力学性质达到所需工程实践模拟要求；⑤相似模拟材料在模型的制作以及测试过程中各项物理力学性能表现稳定，不易受外界条件，如湿度、噪声、辐射等方面的影响，尤其不受温度限制；⑥材料各介质性质存在一定差异，相互间不发生特殊化学反应，可严格控制材料模型主要性质的介质数量较少，易于掌握且不受外界限制；⑦材料各介质取材方便、易于储存；⑧材料模型制作容易，凝固时间短，易于装配及养护，同时成本低廉、经济易行、无毒环保且废弃物等不造成环境污染；⑨模具倒模后，相似材料模型各表面较光滑平整，能够适于相关设备仪器进行测试和粘贴测试元件。

6.1.2　相似模拟原理

研制相似模拟材料必须满足一定的理论基础，首先是符合相似三定理。

1. 相似第一定理(相似正定理)

相似第一定理是指"相似的现象,其相似指标等于 1"或"相似的现象,其相似准数的数值是相同的"。

2. 相似第二定理(π 定理)

设某一现象,有 n 个物理量,其中 k 个物理量是相互独立的,则这几个物理量可表示为相似准数 π_1、π_2、$\cdots$、$\pi_{i=k}$ 之间的函数关系,即

$$f(\pi_1, \pi_2, \cdots, \pi_{i=k}) = 0 \tag{6.1}$$

3. 相似第三定理(相似逆定理)

对于同一类物理现象,若单值条件相似,且由单值条件组成的相似准数的数值相等,则物理现象相似。

相似三大定理规定了做相似模拟试验必须遵循的相似法则,针对流固耦合相似模拟材料,必须同时满足固体变形和渗透性相似两个条件;针对固体变形相似,依据定理,相似模拟材料与原岩相似,则它们的几何特征和各个对应的物理量应互成为一定的比例关系,即它们在抗压、抗拉、抗弯强度、弹性模量、泊松比、黏聚力、内摩擦系数等方面具有相似比。

相似材料和原岩的强度特征可用抗压强度 $\sigma_{压}$、抗拉强度 $\sigma_{拉}$、抗弯强度 $\sigma_{弯}$ 或黏聚力 C 和内摩擦系数 $\tan\phi$ 表示。此时,为保证模型与原型的相似条件,必须满足如下关系式:

$$F_{\mathrm{m}} = \frac{\rho_{\mathrm{m}}}{\rho_{\mathrm{p}}} \frac{L_{\mathrm{m}}^3}{L_{\mathrm{p}}^3} F_{\mathrm{p}} = \alpha_1^{\ 3} \alpha_\rho F_{\mathrm{p}} \tag{6.2}$$

式中,F_{m} 为模型质点受力; F_{p} 为原型质点受力; L_{m} 为模型几何尺寸; L_{p} 为原型几何尺寸; ρ_{m} 为模型密度; ρ_{p} 为原型密度; α_1 为几何相似常数; α_ρ 为密度相似常数。

对于外力,相似条件为

$$\begin{cases} \sigma_{\mathrm{m}(压)} = \alpha_1 \alpha_\rho \sigma_{\mathrm{p}(压)} \\ \sigma_{\mathrm{m}(弯)} = \alpha_1 \alpha_\rho \sigma_{\mathrm{p}(弯)} \end{cases} \tag{6.3}$$

式中,$\sigma_{\mathrm{m}(压)}$ 为模型抗压强度; $\sigma_{\mathrm{p}(压)}$ 为原型抗压强度; $\sigma_{\mathrm{m}(弯)}$ 为模型抗压强度; $\sigma_{\mathrm{p}(弯)}$ 为原型抗压强度。

或者

$$
\begin{cases}
C_{\mathrm{m}} = \alpha_{\mathrm{l}} \alpha_{\rho} C_{\mathrm{p}} \\
\tan \phi_{\mathrm{m}} = \tan \phi_{\mathrm{p}}
\end{cases}
\tag{6.4}
$$

式中，C_{m} 为模型黏聚力；C_{p} 为原型黏聚力；$\tan \phi_{\mathrm{m}}$ 为模型内摩擦系数；$\tan \phi_{\mathrm{p}}$ 为原型内摩擦系数。

在岩体变形塑性区内，若岩体力学过程相似，则：

$$
\begin{cases}
E_{\mathrm{m}} = \alpha_{\mathrm{l}} \alpha_{\rho} E_{\mathrm{p}} \\
\mu_{\mathrm{m}} = \mu_{\mathrm{p}}
\end{cases}
\tag{6.5}
$$

式中，E_{m} 为模型弹性模量；E_{p} 为原型弹性模量；μ_{m} 为模型泊松比；μ_{p} 为原型泊松比。

在岩体变形塑性区内，在整个应力范围内从开始直到破坏，要保证岩体内岩石的力学过程相似，必须满足下面条件：

$$
\frac{(\varepsilon_{\mathrm{n}})_{\mathrm{m}}}{(\varepsilon_{\mathrm{y}} + \varepsilon_{\mathrm{n}})_{\mathrm{m}}} = \frac{(\varepsilon_{\mathrm{n}})_{\mathrm{p}}}{(\varepsilon_{\mathrm{y}} + \varepsilon_{\mathrm{n}})_{\mathrm{p}}}
\tag{6.6}
$$

此时

$$
\varepsilon_{\mathrm{y}} + \varepsilon_{\mathrm{n}} = f(\delta)
\tag{6.7}
$$

式中，ε_{y} 为塑性相对变形；ε_{n} 为弹性相对变形；δ 为相对变形。

故在进行模拟试验时，所配制的相似模拟材料必须尽可能地满足上述所有力学特性的相似条件。

新型流固耦合模拟材料满足渗透性相似，应符合流固耦合相似理论，但目前流固耦合的相似理论的研究尚未成熟。胡耀青、李树忱、李利平等研究流固耦合相似理论，采用均匀连续介质的流固耦合数学模型，推导得到如下关系式：

$$
C_G \frac{C_u}{C_l^2} = C_\lambda \frac{C_e}{C_l} = C_G \frac{C_e}{C_l} = C_\gamma = C_\rho \frac{C_u}{C_t^2}
\tag{6.8}
$$

式中，C_l 为几何 (模型尺寸) 相似比常数；C_G 为剪切弹性模量相似比常数；C_u 为位移相似比常数；C_λ 为拉梅常数相似比常数；C_e 为体积应变相似比常数；C_γ 为容重相似比常数；C_ρ 为密度相似比常数；C_t 为时间相似比常数。

考虑试验采用的相似模拟材料为均匀连续介质，故新型模拟材料三个坐标方向的渗透系数可设为 $K_x = K_y = K_z = K$，引入如下函数：

$$\begin{cases} K_p = C_k K_m \\ S_p = C_s S_m \\ Q_p = C_q Q_m \\ X_p = C_x X_m ; y_p = C_y y_m ; z_p = C_z z_m \end{cases} \tag{6.9}$$

式中，C_k 为渗透系数相似比常数；K_p、K_m 分别为原型和模型的渗透系数；C_s 为储水系数相似比常数；S_p、S_m 分别为原型和模型的储水系数；C_q 为渗水量相似比常数；Q_p、Q_m 分别为原型和模型的渗水量；C_x、C_y、C_z 分别为 x、y、z 方向模型尺寸相似比常数；X_p 为 x 方向原始尺寸；X_m 为 x 方向模型尺寸。

将式(6.9)带入三维均质渗流方程并与原型相比得出：

$$\frac{C_k C_{p_a}}{C_x^2} = \frac{C_k C_{p_a}}{C_y^2} = \frac{C_k C_{p_a}}{C_z^2} = \frac{C_s C_{p_a}}{C_t} = \frac{C_s}{C_t} = C_w \tag{6.10}$$

式中，C_{p_a} 为水压力相似比常数；C_w 为源汇项相似比常数。

依据相似定理及式(6.8)，可知材料变形后具有几何相似，即 $C_e = 1$，则有 $C_u = C_l$；也可以进一步推导出 $C_G = C_E = C_\gamma C_l$，$C_\sigma = C_\gamma C_l$；时间相似得 $C_G C_u / C_l^2 = C_\rho C_u / C_l^2$，则有 $C_t = \sqrt{C_l}$。

由式(6.10)可知 $C_{p_a} = C_\lambda C_l$，$C_t = \sqrt{C_l}$，$C_x = C_y = C_z = C_l$；则有源汇项相似 $C_w = 1 / \sqrt{C_l}$；储水系数相似 $C_s = 1 / (C_\gamma \sqrt{C_l})$；进一步推导渗透系数相似，$C_k C_p / C_x^2 = C_w$，而 $C_w = 1 / \sqrt{C_l}$，$C_x = C_l$，则可推得 $C_k = \sqrt{C_l} / C_\lambda$。

根据上述相似模拟理论及相关参数变量公式，便可有效开展新型流固耦合相似模拟材料的进一步研制工作。

6.2　试验仪器设备与材料介质的选取

6.2.1　试验仪器设备

为在实验室能够快捷有效的制作相似模拟材料模型试件，并对其进行相应物理力学性能测试试验，本课题组积极研发、配备了系列实验仪器装置、测试设备等。

1. 模型制作仪器装置

1) 双开模具

以往的双开模具，由于模具外侧缺少有效紧密约束，在试件加工过程中易造成模具两半分离，试件松散、不成形或带有腰线。为此课题组对双开模具进行改进，设计带有梯形结构的新型模具，能够使外套向下扣紧模具，产生向内约束，保证试件在制作时可以施加足够压实的力度。

本标准试件模具的内径尺寸为 50mm，高 100mm，包括底座、垫块、外套、双开模具面等，同时为适应方便测试相似材料密实度等性能，另设计研制尺寸为高 200mm、内径为 150mm 的大型试件模具。模具如图 6.1 所示。

(a) 标准试件模具　　　　　　　　　　　　(b) 大、小试件模具对比

图 6.1　试件制作模具

2) 材料加工装置

在试件倒模前期，要对部分材料介质进行前期处理（加热融化、筛选搅拌等），然后按比例进行均匀搅拌。为保证各材料介质间配比的精确性以及后期试件重量测量的准确性，采用德国进口赛多利斯(Sartorius)电子天平进行称重，设备型号为 CPA2202S-DS，可测重区间为 0.01～2200g。

2. 模型测试仪器设备

加工完成的新型相似模拟材料试件能否符合所需要求，要对其抗压强度、渗透系数等相关物理力学性能进行全面测定，并与原岩进行对比分析，得出明确结论。在实验室内进行测定时，将采用以下仪器设备进行测定。

1) 岛津电子万能试验机

采用岛津电子万能试验机，型号为 AG-X250，对岩石、材料试件进行单轴压缩试验，研究新型相似模拟材料应力、应变关系等力学性能。

2) MTS815.03 电液伺服岩石试验机

采用世界先进的 MTS815.03 岩石伺服系统，对山东矿区深部开采矿井底板岩层中的泥岩、灰岩等典型岩性的岩石进行单轴压缩试验、常规三轴压缩试验和渗透性试验，进而与相似模拟材料模型试件的相关力学性能进行对比分析。

3）岩石渗透性测试仪

根据岩石渗透性测试原理，配合实验要求，本书自主设计研发了岩石试件渗透测试仪，能够有效测定分析试件的渗透系数，装置如图 6.2 所示。

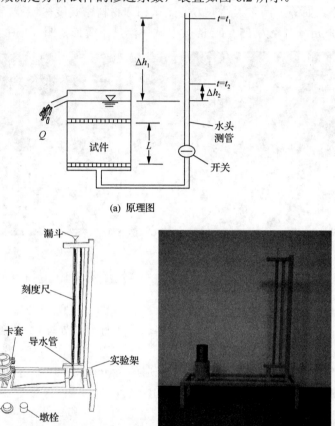

(a) 原理图

(b) 设计图

(c) 实物图

图 6.2　渗透系数测定

岩石试件渗透测试仪可提供两种方式进行测定。主要采用不同密封结构的装置盒，如图 6.3 所示。一种是直接装模测定。采用此类密封装置盒，可直接将配比搅拌后的材料进行装配测定，避免倒模后出现外界因素的影响，以及避免后期对试件的二次破坏而产生误差，也可以测试试件性能是否受温度等因素控制。另一种是集中测定。对不同材料配比的模型试件，在加工完毕后进行集中逐个测定，节省倒模测定时间。此类密封装置盒需采取薄膜对试件进行密封。其特征在于实验器材除导水管和漏斗之外其他装置都是由铁质材料制作而成。通过导水管将水与模具内部的需要测量的材料连接起来，形成透水通道。在一定的时间段内观察页面的下降高度的变化来计算出相似材料的渗透系数。该装置能对所测试试件施加外压并减少实验强度，实现多个试件同时测量。

(a) 直接密封盒　　　　　　　　　　　　(b) 可拆卸密封盒

图 6.3　密封装置盒

4) 其他

对试件进行浸泡并测定其尺寸及重量等性质，尤其是能精确获得试件实验前后物理性质的变化数据，将用到特定测量工具，如电子天平、游标卡尺等。

6.2.2　相似模拟材料介质选取

目前，对煤矿开采岩层模拟所用相似材料通常由几种材料介质配制而成，原材料选取一般分为骨料(或称填料)和胶结材料。骨料多采用河砂、尾砂、滑石粉、黏土、重晶石硅、藻土等；胶结材料主要有石膏、石灰、石蜡、碳酸钙、水泥、凡士林、水、液压油等物质。

国内外有多个单位对相似材料进行研究：太原理工大学采用水泥、砂子、石子、石膏、滑石粉和克晒赢为主料来模拟岩层，采用红胶泥来模拟软弱隔水层；湖北文理学院以砂子为骨料，以石膏、碳酸钙为胶结材料研制相似模拟材料；北京大学选用砂子、碳酸钙和石膏为主料，以硼砂为缓凝剂制作采场底板突水模型的相似材料。中南大学采用河砂、石膏、水泥、硼砂等作为相似材料的主要成分，其中河砂为骨料，水泥和石膏为胶结剂，硼砂为缓凝剂，另外采用黑云母模拟岩体中的破碎带。乌克兰科学院曾采用砂、石蜡油、石墨混合物作相似材料模拟发生在泥质岩石层的底臌；长江水利水电科学院也以石蜡油为做胶凝剂，模拟强度较低、变形较大的塑性破坏型岩体和泥化夹层；西安科技大学以砂和石蜡作为骨料，对富水风积砂层下采煤进行了模型试验研究。山东大学改进相似模拟材料，以石蜡、液压油等为胶结剂，进行隧道涌水、地下工程等流固耦合模型试验研究。

针对非亲水相似材料的模拟，以石膏等为固体为胶结材料，当石膏含量过高时，该材料遇水强度迅速减低从而影响试验的真实性，因此具有一定的局限性。以石蜡(熔化后)等液体作胶凝剂的相似材料，相对非亲水效果较好，但由于石蜡性能往往受温度变化而影响相似模拟材料性能。

新型流固耦合相似模拟材料研制与性能掌控对相似材料中原材料的选取，采用以下两种不同方案进行配比研究，原材料如图 6.4 所示。

图 6.4　相似模拟材料基本成分

1) SPCV(砂、石蜡、碳酸钙、凡士林的英文首字母组合)型材料

考虑模拟深部开采条件，相似材料应具有中高强度变化区间。因此，对山东大学李术才、李树枕等研制的 PSTO 型(石蜡、砂、滑石粉、液压油)相似材料进行改进，以砂为骨料，以液压油为调节剂，选取石蜡并配以碳酸钙、凡士林为胶结材料，以增强相似材料的强度和脆性。

2) SCCV(砂、黏土、水泥、凡士林的英文首字母组合)型材料

参考国内外大量资料，选取砂子、黏土为骨料，凡士林、水泥为胶结剂，并以水为调节剂，配制新型相似模拟材料，而且材料物质易得、价格低廉、性能稳定且不受温度等因素影响，是一种值得推广的高强度流固耦合模拟材料。

以上原材料中，选用砂的粒径小于 5mm；水泥的抗压强度为 32.5MPa 的优质

白色硅酸盐水泥，碳酸钙为 1250 目，比重为 2.71；凡士林为白色无毒的医用级，滴点约 37°～54°；黏土粒径小于 0.05mm，调节剂选择优质抗磨液压油，硅油为黏度 1500CPS[①]的甲级硅油，石蜡选用 58[#]工业粗石蜡。

6.3　新型材料研制及相关力学参数测定

6.3.1　试验设计

科学试验是科学研究的重要手段，能够从外在现象分析发现事物的内在规律。"试验设计"作为统计数学的一个分支方向，在科学研究领域越来越受到人们重视。有效利用试验设计，可以节省人力、物力、财力，达到用尽可能少的实验数据获得尽可能多的有用信息的目的，同时能保证试验数据的代表性和可靠性。

1.　试验方法

试验设计方法的本质是在试验的可选范围内挑选出具有典型代表点的方法。关于试验设计的方法有很多种，如最优试验设计、单因素试验、双因素试验、正交试验和均匀设计等，目前,采用较为广泛的方法是正交试验法和均匀试验法。

当考虑的因素、指标较多时，试验次数增加，工作量增大，同时周期也会进一步延长，对项目的试验经费也造成一定压力。所以，在试验设计中尽量减少试验次数是设计的重要研究目标。在此背景下，中国科学院应用数学研究所方开泰教授、中科院院士王元教授在采用应用数学中的一致分布理论的基础上，提出"均匀设计"的试验方法。

正交试验设计（orthogonal design）是依据正交性的准则来挑选代表点，并使得这些代表点能有效反映出试验范围内的试验指标与各因素间的关系，简称为正交设计（orthoplan）。正交设计利用正交表研究分析多因素影响，它在挑选代表点时，具有"整齐可比"和"均匀分散"两个特点。"均匀分散"可使得试验点具有代表性，"整齐可比"则便于对试验数据的分析整理。

本试验若采用正交试验设计或均匀设计，因素有 5 个，水平将有十几个，试验方案至少有 $5^{10}=9765625$ 个，短期内无法完成试验，且不利于完成分析总结。新型流固耦合相似模拟材料研制和性能掌控课题组前期已经掌握部分材料性能效果及基本配比情况，故采用单因素法进行试验测试。

所谓单一变量原则，强调的是实验过程中只能依次确定一个变量为试验变量，其他变量都为无关变量。只有这样，当实验出现不同结果时，才能确定造成这种不同结果的原因就是这个变量，因此实验操作中要尽可能避免无关变量及额外变量的干扰。例如，在上述实验中，就必须保证砂子、石蜡和液压油质量相等，只

---

① 1CPS=1mPa·s。

改变一个变量时所造成试验结果的差异。遵循单一变量原则，不仅便于对试验结果进行科学的分析，更重要的是能增强实验结果的可信度和说服力。

本章采用单一变量试验设计的方法，对相似材料中的因素、指标加以研究，大大减少试验的次数，同时也简化了统计分析的整理计算。

2. 试验方案

针对相似材料试验方案的建立，可参照以下几点基本步骤进行。

（1）建立明确的试验目的、指标。

（2）参照相关资料，依据专业知识及试验经验合理选择试验因素，一般选取对相似材料性能指标影响较大的主要因素，忽略次要因素。

（3）考虑现有试验条件与实践经验，首先确定各影响因素的取值区间，然后在此范围内设置合适的水平。

（4）根据单一因素数及其水平确定合适的试验方案。

（5）根据试验方案进行试验。

（6）对试验结果进行分析。

根据相似材料的骨料和胶结材料的不同选取方案，建立详细的试验方案，并对试验流程进行精简安排，方便完成模型试件的制作。

如上所述，针对 SPCV 型材料确定以碳酸钙、凡士林为主要变量因素；SCCV型材料，确定以黏土、凡士林为主要变量因素。参照国内外研究资料，对砂、石蜡等材料性能效果初步了解，进而在试验中根据研制需要，适当调整砂、石蜡等原材料比例，以达到预期效果。建立模型试件制作方案如表 6.1 所示。

表 6.1　材料配比设计方案

方案编号		砂子∶石蜡∶碳酸钙∶凡士林(质量比)	试件编号	备注
S P C V 型 材 料 试 验 方 案	N1(碳酸钙性能测试)	15∶1∶0.6∶0.96	N111 — N119	2 个测试物理性质，7 个分别浸泡 1~7
		15∶1∶0.8∶0.96	N121 — N129	同上
		15∶1∶0.9∶0.96	N131 — N139	同上
		15∶1∶1.1∶0.96	N141 — N149	同上
		15∶1∶1.2∶0.96	N151 — N159	同上
		15∶1∶1.3∶0.96	N131 — N139	同上
		15∶1∶1.5∶0.96	N141 — N149	同上
	S1(凡士林性能测试)	15∶1∶1.2∶0.3	S111 — S119	同上
		15∶1∶1.2∶0.5	S121 — S129	同上
		15∶1∶1.2∶0.7	S131 — S139	同上
		15∶1∶1.2∶0.9	S141 — S149	同上
		15∶1∶1.2∶1.1	S151 — S159	同上
		15∶1∶1.2∶1.3	S161 — S169	同上

续表

方案编号	砂子：黏土：水泥：凡士林(质量比)	试件编号	备注
	10：1：0.65：0.45	S211 － S219	同上
	10：1：0.65：0.60	S221 － S229	同上
S2(凡士林性能测试)	10：1：0.65：0.75	S231 － S239	同上
	10：1：0.65：0.90	S241 － S249	同上
	10：1：0.65：1.05	S251 － S259	同上
	10：1：0.3：0.75	S311 － S319	同上
	10：1：0.5：0.75	S321 － S329	同上
S3(水泥性能测试)	10：1：0.7：0.75	S331 － S339	同上
	10：1：0.9：0.75	S341 － S349	同上
	10：1：1.1：0.75	S351 － S359	同上
	8：1：0.65：0.75	S411 － S419	同上
	9：1：0.65：0.75	S421 － S429	同上
S4(砂子性能测试)	11：1：0.65：0.75	S431 － S439	同上
	12：1：0.65：0.75	S441 － S449	同上
	10：0.3：0.65：0.75	S511 － S519	同上
	10：0.6：0.65：0.75	S521 － S529	同上
S5(黏土性能测试)	10：0.9：0.65：0.75	S531 － S539	同上
	10：1.2：0.65：0.75	S541 － S549	同上
	10：1.5：0.65：0.75	S551 － S559	同上

（左侧竖排）S C C V 型材料试验方案

3. 试验流程

在试验设计方法和试验方案建立以后，可按照以下步骤进行模型试件加工制作，具体如图 6.5 所示。

(a) 材料称重　　　　　　　　　　　　　(b) 材料搅拌

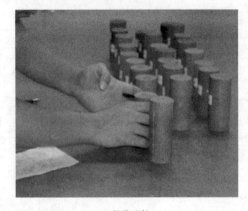

(c) 试件倒模　　　　　　　　　　　　　(d) 部分试件

图 6.5　试件加工过程

(1)按照试验方案配比,严格计算试件重量及骨料、胶结材料重量。

(2)对原材料进行称重待用。

(3)将称好后的固体材料,如砂、碳酸钙、黏土等细粒材料放入搅拌锅,进行混合并均匀搅拌。

(4)将石蜡、凡士林等材料进行加热液化,一般温度控制在其熔点以上即可。

(5)把液压油、水等导入加热锅内混合加热,避免了搅拌时石蜡、凡士林等胶结材料容易造成迅速固化的现象。

(6)将加热后的液体倒入搅拌锅,迅速均匀搅拌混合。

(7)把搅拌好的相似模拟材料迅速装入双开模具,并不断压实。

(8)对材料模型脱模处理,放置室温下养护。

(9)对相似材料模型进行编号,备用。

(10)将在常温下放置 24h 后选取不同的模型试件,进行性能测定。部分材料试件浸泡在水中 48h 和 72h 后进行性能测定。

6.3.2　新型材料性能测定

根据试验方案要求,通过试件加工流程,分批次制备了几百个相似模拟材料模型试件,以备不同测试方案时使用,部分试件如图 6.6 所示。

1. 力学性质测试

在自然状态下,利用岛津 AG-X250 电子万能试验机对相似模拟材料试件进行单轴压缩试验,并得出全过程的应力-应变曲线、单轴压缩破坏形态,如图 6.7 和图 6.8 所示,并计算出其弹性段的斜率即为弹性模量 E,部分数据如表 6.2 所示(由于试件浸泡 3 天后抗压强度、弹性模量逐渐趋于稳定,变化不大,故只列出 3 天内部分数据）；从应力-应变曲线和单轴压缩破坏形态中可以看出，相似材料试件在压缩试验中的破坏形态和岩石非常相似，且最高强度能到 1.0MPa。

图 6.6　部分试件

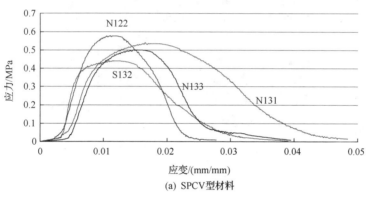

(a) SPCV型材料

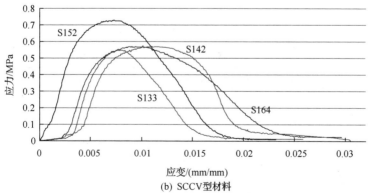

(b) SCCV型材料

图 6.7　新型相似模拟材料试件单轴压缩全应力-应变曲线

(a) 深井岩石破坏形态

(b) 材料试件的破坏形态

图 6.8　试件与岩石单轴抗压破坏形态对比

表 6.2　部分试件的抗压强度和弹性模量值

试件编号	抗压强度 R/MPa				弹性模量 E/MPa			
	未亲水	亲水 1 天	亲水 2 天	亲水 3 天	未亲水	亲水 1 天	亲水 2 天	亲水 3 天
N12x	0.75	0.60	0.55	0.51	217	188	163	158
S13x	0.65	0.58	0.53	0.49	170	165	161	156
S21x	0.42	0.35	0.30	0.28	78	69	65	61
S34x	0.32	0.26	0.22	0.21	45	41	38	32
S42x	0.73	0.65	0.61	0.53	180	168	153	149
S53x	0.57	0.51	0.45	0.38	124	97	87	82

2. 非亲水测试

待试件放置 24h 干燥后，对所有试件进行测定，记录测试前试件的重量、长度尺寸、体积等相关信息，如图 6.9 所示，部分数据如表 6.3 所示。然后将试件按照浸泡时间的不同(1～7 天)，分别进行浸泡，如图 6.10 所示；浸泡后试件均为发生崩解，根据要求浸泡后统计每个试件的高度、质量、体积以及详细情况。部分数据如表 6.4 所示。

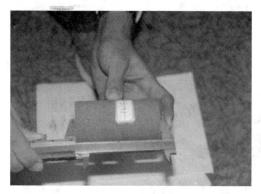

图 6.9　试件重量、尺寸测定

表 6.3　部分相似材料试件的容重统计情况

试件编号	质量/g	高度/cm	体积/cm³	容重/(g/cm³)	试件编号	质量/g	高度/cm	体积/cm³	容重/(g/cm³)
N111	425.64	11.50	225.75	1.89	S161	410.24	11.06	217.10	1.89
N112	343.27	9.37	183.85	1.87	S162	397.75	10.77	211.31	1.88
N121	402.22	10.68	209.53	1.92	S211	343.88	9.87	193.76	1.77
N122	417.22	11.18	219.47	1.90	S212	334.57	9.93	194.97	1.72
N131	385.51	10.26	201.27	1.92	S221	353.14	10.08	197.78	1.79
N132	411.53	10.96	215.18	1.91	S222	322.48	9.48	186.05	1.73
N141	370.76	9.81	192.52	1.93	S231	337.07	9.66	189.62	1.78
N142	344.63	9.14	179.37	1.92	S232	340.11	9.65	189.47	1.80
S111	330.18	9.38	184.02	1.79	S241	338.75	9.46	185.61	1.83
S112	329.95	9.55	187.37	1.76	S242	358.69	9.87	193.62	1.85
S121	368.05	10.13	198.76	1.85	S251	356.35	9.52	186.88	1.91
S122	378.06	10.35	203.13	1.86	S252	333.84	8.90	174.68	1.91
S131	395.57	10.57	207.53	1.91	S311	367.20	10.46	205.28	1.79
S132	380.69	10.24	201.04	1.89	S312	355.17	10.04	197.04	1.80
S141	390.12	10.46	205.33	1.90	S321	346.19	10.03	196.88	1.76
S142	378.71	9.99	196.07	1.93	S322	344.31	9.80	192.30	1.79
S151	409.09	10.98	215.56	1.90	S331	370.40	10.44	204.90	1.81
S152	411.10	11.09	217.62	1.89	S332	326.74	8.97	176.08	1.86

试件编号	质量/g	高度/cm	体积/cm³	容重/(g/cm³)	试件编号	质量/g	高度/cm	体积/cm³	容重/(g/cm³)
S341	347.68	9.78	191.98	1.81	S442	335.47	9.83	192.95	1.74
S342	334.06	8.88	174.24	1.92	S511	339.17	9.77	191.74	1.77
S351	348.19	9.83	192.84	1.81	S512	350.16	10.21	200.28	1.75
S352	300.75	8.40	164.78	1.83	S521	335.40	9.49	186.16	1.80
S411	327.50	8.83	173.29	1.89	S522	339.38	9.58	187.96	1.81
S412	354.47	9.47	185.77	1.91	S531	320.53	9.11	178.77	1.79
S421	328.34	9.07	177.92	1.85	S532	352.39	9.98	195.90	1.80
S422	354.03	9.77	191.68	1.85	S541	353.38	9.93	194.85	1.81
S431	345.21	9.97	195.71	1.76	S542	308.49	8.78	172.26	1.79
S432	339.76	9.71	190.55	1.78	S551	326.35	9.45	185.44	1.76
S441	317.09	9.30	182.50	1.74	S552	343.07	10.06	197.52	1.74

图 6.10　部分试件浸泡

表 6.4　部分相似材料试件浸水 1～7 天的容重统计情况　　（单位：g/cm³）

试件编号	第1天	第2天	第3天	第4天	第5天	第6天	第7天
N12x	1.9590	1.9648	1.9707	1.9727	1.9739	1.9743	1.9745
N13x	1.8575	1.8760	1.8817	1.8835	1.8847	1.8850	1.8852
S11x	1.8879	1.9068	1.9125	1.9144	1.9156	1.9159	1.9161
S13x	1.9793	1.9990	2.0050	2.0070	2.0082	2.0087	2.0089
S22x	1.8981	1.9170	1.9228	1.9247	1.9259	1.9262	1.9264
S23x	1.9590	1.9785	1.9845	1.9865	1.9877	1.9880	1.9882
S31x	1.9387	1.9580	1.9639	1.9659	1.9671	1.9674	1.9676
S33x	1.9184	1.9375	1.9433	1.9453	1.9465	1.9468	1.9470
S42x	1.8575	1.8760	1.8817	1.8835	1.8847	1.8850	1.8852
S43x	1.8676	1.8863	1.8919	1.8938	1.8950	1.8953	1.8955
S51x	1.9285	1.9478	1.9536	1.9556	1.9568	1.9571	1.9573
S52x	1.7560	1.7735	1.7788	1.7806	1.7817	1.7820	1.7822

1) 外部变化

模拟材料试件在浸水之后尺寸、重量、体积均有变化，原始数据如表 6.5 所示。部分模拟材料试件浸水 1 天后材料的高度增加 1%～2%，直径平均增加 0.5% 左右，含有黏土的试件尺寸变化相对比较明显。由于不同配比材料中使用的配料所占质量比的不同，导致材料浸泡 1 天后质量增加量有所差异，即不同配比试件浸水后的含水量不同。

表 6.5　部分相似材料试件浸水 1 天后的外部性质变化情况

试件编号	质量/g	浸水后质量/g	吸水量/g	浸水后高度/cm	浸水后体积/cm³	浸水后容重/(g/cm³)	单位体积吸水率/%
N112	343.27	345.99	2.72	9.52	186.79	1.85	1.46
N122	417.22	420.55	3.33	11.33	222.42	1.89	1.50
N132	411.53	413.86	2.33	11.11	218.13	1.90	1.07
N142	344.63	347.68	3.05	9.29	182.32	1.91	1.67
S112	329.95	336.47	6.52	9.70	190.31	1.77	3.43
S122	378.06	381.67	3.61	10.50	206.08	1.85	1.75
S132	380.69	384.75	4.06	10.39	203.98	1.89	1.99
S142	378.71	381.11	2.40	10.14	199.01	1.92	1.21
S152	411.10	412.90	1.80	11.24	220.56	1.87	0.82
S162	397.75	399.42	1.67	10.92	214.25	1.86	0.78
S212	334.57	341.31	6.74	10.08	197.91	1.83	3.41
S222	322.48	325.94	3.46	9.63	188.99	1.81	1.80
S232	340.11	345.73	5.62	9.80	192.42	1.80	2.92
S242	358.69	352.27	6.42	10.02	196.56	1.79	3.27
S252	333.84	333.78	0.06	9.05	177.62	1.88	0.03
S312	355.17	355.69	0.52	10.19	199.98	1.78	0.26
S322	344.31	348.70	4.39	9.95	195.24	1.79	2.25
S332	326.74	327.67	0.93	9.12	179.02	1.83	0.52
S342	334.06	335.23	1.17	9.03	177.19	1.89	0.66
S352	300.75	303.03	2.28	8.55	167.73	1.81	1.36
S412	354.47	356.96	2.49	9.62	188.71	1.89	1.32
S422	354.03	357.25	3.22	9.92	194.63	1.84	1.65
S432	339.76	347.28	7.52	9.86	193.49	1.79	3.89
S442	335.47	338.51	3.04	9.98	195.90	1.73	1.55
S512	350.16	356.15	5.99	10.36	203.22	1.75	2.95
S522	339.38	343.64	4.26	9.73	190.90	1.80	2.23
S532	352.39	357.28	4.89	10.13	198.84	1.80	2.46
S542	308.49	311.55	3.06	8.93	175.20	1.78	1.75
S552	343.07	344.33	1.26	10.21	200.46	1.72	0.63

2) 吸水率

吸水率可作为衡量材料亲水性的重要指标，其有质量吸水率与体积吸水率两种表示方法。质量吸水率是指材料在吸水饱和时，内部所吸水分的质量占材料干燥质量的比例。体积吸水率是指材料在吸水饱和时，其内部所吸水分的体积占干燥材料自然体积的比例。一般吸水率越高，亲水性越强。

$$W_z = (B - G) / G \times 100\%$$
$$W_t = (B - G) / V\rho \times 100\%$$
(6.11)

式中，W_z 为质量吸水率；W_t 为体积吸水率；B 为浸泡饱和后材料质量；G 为材料室温干燥状态下质量；V 为材料室温干燥状态下体积；ρ 为水的密度。

浸泡 1 天认为试件已经饱和，可进行测定试件的吸水率，部分结果如表 6.5 所示。通过测试结果总结分析，两种新型材料吸水率相差不大，几乎均分布在 0.50%～3.89%，且吸水率平均值为 1.74%，可认为是良好的非亲水材料。

3) 力学特性

浸泡 1～7 天的试件，采取每天测试的方法，得出浸泡后 n 天试件的强度与浸泡前强度的变化结果，如表 6.6 所示；试件浸泡前后的应力-应变曲线，如图 6.11 所示；浸泡时间不同试件的强度变化情况，如图 6.12 所示。

表 6.6　部分试件浸泡 n 天抗压强度变化表　　　　（单位：MPa）

编号	第 1 天	第 2 天	第 3 天	第 4 天	第 5 天	第 6 天	第 7 天
N12	0.921	0.736	0.633	0.589	0.559	0.537	0.521
N13	0.752	0.600	0.516	0.480	0.456	0.438	0.425
S13	0.633	0.504	0.433	0.403	0.383	0.368	0.357
S14	0.894	0.712	0.612	0.569	0.541	0.519	0.504
S21	0.466	0.368	0.316	0.294	0.280	0.268	0.260
S23	0.354	0.280	0.241	0.224	0.213	0.204	0.198
S31	0.865	0.688	0.592	0.550	0.523	0.502	0.487
S34	0.637	0.504	0.433	0.403	0.383	0.368	0.357
S42	0.599	0.472	0.406	0.378	0.359	0.344	0.334
S43	0.768	0.608	0.523	0.486	0.462	0.443	0.430
S52	0.713	0.568	0.488	0.454	0.432	0.414	0.402

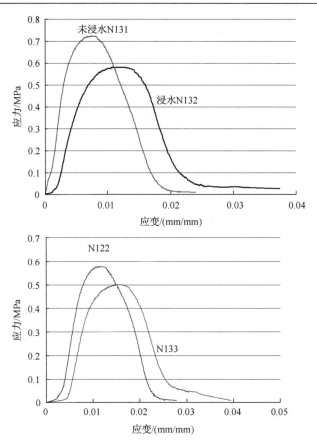

图 6.11　浸泡前后应力-应变曲线对比

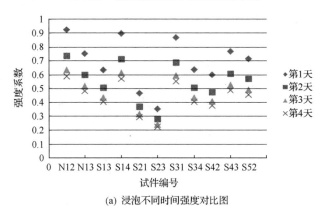

(a) 浸泡不同时间强度对比图

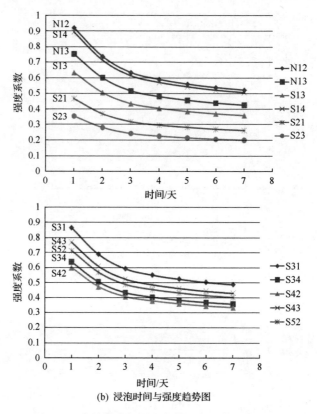

(b) 浸泡时间与强度趋势图

图 6.12 自然状态与浸泡条件下各试件强度对比

从图 6.12 可以明显看出，各试件浸泡后，强度均大幅降低，其中浸水后前 2 天强度降低幅度最大，随着时间的延续，降低幅度将减小。

3. 渗透性测试

渗透性一般通过渗透系数来衡量，它是测试流固耦合材料的重要指标。实验采用岩石渗透性测试仪，运用变水头试验方法进行测量，根据达西定律进行计算。计算公式为

$$K = \frac{aL}{At}\ln\left(\frac{\Delta h_1}{\Delta h_2}\right) \qquad (6.12)$$

式中，K 为渗透系数；a 为玻璃管断面积；A 为试样断面积；L 为试样长度；Δh_1 为起始水头差；Δh_2 为时间 t 后终了水头差。

将部分试件制作好后放入岩石渗透性测试仪中测试并进行实时监测，如图 6.13 所示，测得数据如表 6.7 所示。

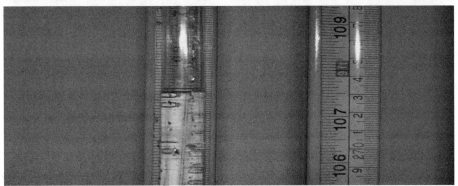

图 6.13　渗透系数测定

表 6.7　部分试件渗透系数监测数据

试件组号	观测时间	时间差/min	监测高度/cm	初始高度/cm	试件高度/mm	试件直径/mm	水管直径/mm	水注高度/cm	时间差/s	渗透系数/(cm/s)
	9:10		168	103.4	85.96	50	10	64.6		
	9:22	10	164.2	103.4	85.96	50	10	60.8	600	4.04×10^{-6}
	9:32	10	160.7	103.4	85.96	50	10	57.3	600	3.40×10^{-5}
	9:42	10	156.9	103.4	85.96	50	10	53.5	600	3.93×10^{-5}
	9:52	10	153.7	103.4	85.96	50	10	50.3	600	3.53×10^{-5}
	10:02	10	150.6	103.4	85.96	50	10	47.2	600	3.65×10^{-5}
1组	10:12	10	147.7	103.4	85.96	50	10	44.3	600	3.63×10^{-5}
	10:22	10	144.7	103.4	85.96	50	10	41.3	600	4.02×10^{-5}
	10:32	10	143.3	103.4	85.96	50	10	39.9	600	1.98×10^{-5}
	10:42	10	141.2	103.4	85.96	50	10	37.8	600	3.10×10^{-5}
	10:52	10	139	103.4	85.96	50	10	35.6	600	3.44×10^{-5}
	11:02	10	137	103.4	85.96	50	10	33.6	600	3.31×10^{-5}
	11:40	38	130.8	103.4	85.96	50	10	27.4	2280	3.08×10^{-5}
	9:10		183	103.4	80	50	10	79.6		
2组	9:22	10	176.9	103.4	80	50	10	73.5	840	3.04×10^{-4}
	9:32	10	174.3	103.4	80	50	10	70.9	420	2.74×10^{-4}
	9:42	10	171.8	103.4	80	50	10	68.4	360	3.19×10^{-4}

续表

试件组号	观测时间	时间差/min	监测高度/cm	初始高度/cm	试件高度/mm	试件直径/mm	水管直径/mm	水注高度/cm	时间差/s	渗透系数/(cm/s)
	9:52	10	166.6	103.4	80	50	10	63.2	960	2.64×10^{-4}
	10:02	10	162.1	103.4	80	50	10	58.7	900	2.63×10^{-4}
	10:12	10	160	103.4	80	50	10	56.6	600	1.94×10^{-4}
	10:22	10	154	103.4	80	50	10	50.6	1500	2.39×10^{-4}
2组	10:32	10	147.5	103.4	80	50	10	44.1	2400	1.83×10^{-4}
	10:42	10	142	103.4	80	50	10	38.6	2280	1.87×10^{-4}
	10:52	10	128.5	103.4	80	50	10	25.1	8580	1.61×10^{-4}
	11:02	10	123.7	103.4	80	50	10	20.3	4380	1.55×10^{-4}
	11:40	38	120.5	103.4	80	50	10	17.1	3360	1.63×10^{-4}

图 6.14 为部分试件不同时刻渗透系数变化图，从中可以看出不同时刻试件渗透系数值是不同的，开始时渗透系数跳跃变化较大，一段时间后(一般 2～3h)趋于平稳。

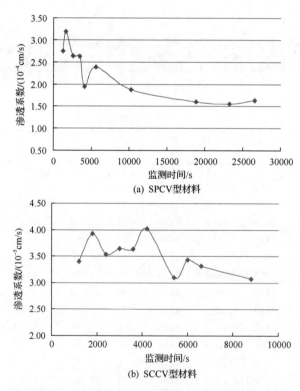

(a) SPCV型材料

(b) SCCV型材料

图 6.14 不同时刻部分试件渗透系数变化曲线

对不同配比的材料试件进行测量,测得部分材料的渗透系数数值在 3.68×10^{-7}～2.25×10^{-4}cm/s,部分材料的渗透系数值见表 6.8。

表 6.8　部分试件渗透系数

试件编号	渗透系数/(cm/s)	试件编号	渗透系数/(cm/s)	试件编号	渗透系数/(cm/s)	试件编号	渗透系数/(cm/s)
S121	2.25×10^{-5}	S251	8.14×10^{-5}	S241	6.56×10^{-5}	N211	6.31×10^{-5}
N121	7.82×10^{-7}	S341	2.25×10^{-4}	S321	3.25×10^{-4}	S231	5.27×10^{-5}
S141	3.51×10^{-5}	S411	3.68×10^{-7}	S511	4.22×10^{-5}	S311	4.55×10^{-4}
N141	9.97×10^{-4}	S541	5.71×10^{-5}	S211	3.56×10^{-5}	S421	1.68×10^{-7}

6.4　新型材料性能影响因素分析

新型材料的抗压强度、弹性模量、渗透系数等各项性质，与材料各成分间的配比密切相关，为能达到流固耦合物理模拟实验的理想要求，必须深入掌握各主要成分的影响作用。通过几百个试件的测试及数据总结分析，获得了碳酸钙、凡士林、黏土等在新型材料配比中的作用效果，具体规律分为以下几个方面。

6.4.1　碳酸钙

主要选取试验方案中的 N1 组进行测定，碳酸钙在 SPCV 型材料中对试件的抗压强度、渗透系数的影响如图 6.15、图 6.16 所示。

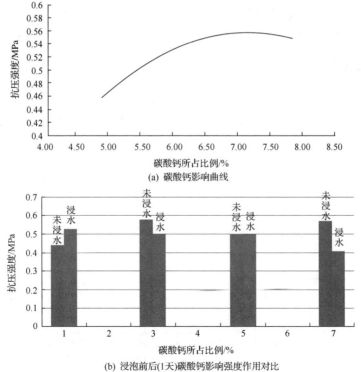

(a) 碳酸钙影响曲线

(b) 浸泡前后(1天)碳酸钙影响强度作用对比

图 6.15　碳酸钙对试件抗压强度的影响变化

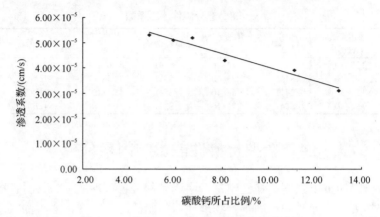

图 6.16　碳酸钙对试件渗透系数的影响曲线

　　一般情况下，碳酸钙添加的正常作用是使材料刚性增大，弹性模量和硬度也增大。从图中也可以看出，碳酸钙所占比率增加，试件的抗压强度有明显的增大趋势。当碳酸钙占总量的 7%以后，抗压强度和增幅有所减小。碳酸钙占总量大于7%后，粉末状碳酸钙增多，石蜡作为胶结剂的用量相对减少，致使材料内部凝聚力降低，进而导致试件抗压强度降低。从试件浸泡前后的对比分析可知，碳酸钙所占比例越大，浸泡后的试件抗压强度越小。同时，碳酸钙的添加量直接影响材料渗透性，添加量越大，渗透性越差。

6.4.2　凡士林

　　凡士林的作用效果测定主要选取设计方案中 S1 组和 S2 组，通过调节凡士林含量可以改变试件的抗压强度和渗透系数，测试分析结果如图 6.17 和图 6.18 所示。

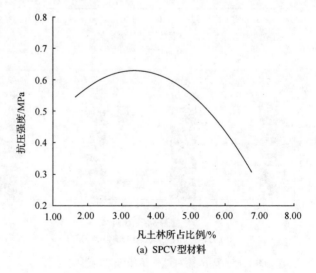

(a) SPCV型材料

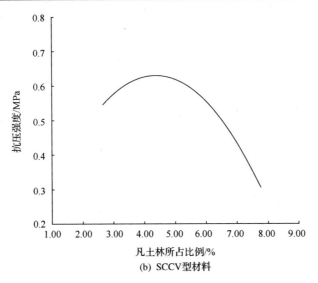

(b) SCCV型材料

图 6.17　凡士林对试件抗压强度的影响曲线

一定比例下，作为胶结剂的凡士林含量越高，试件的胶结程度越好，进而试件的内聚力越强、强度越高。如图 6.17 所示，在 SPCV 材料中，凡士林所占比例在 4% 左右时，试件的抗压强度达到最大；当凡士林所占比例超过 4% 时，试件抗压强度开始降低。在 SCCV 材料中，凡士林所占比例在 4.5% 左右时，试件的抗压强度达到最大；当凡士林所占比例超过 4.5% 时，试件抗压强度开始降低。

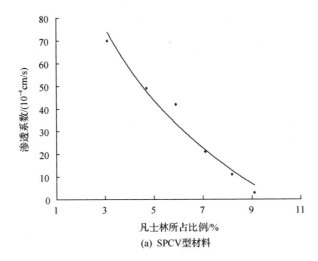

(a) SPCV型材料

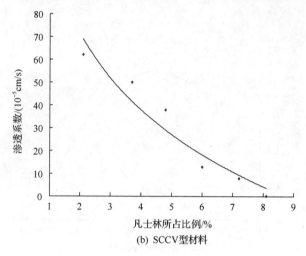

(b) SCCV型材料

图 6.18　凡士林对试件渗透系数的影响曲线

由图 6.18 可以看出，凡士林可以调节试件的渗透系数，其所占比例越大，渗透系数越小、渗透性越差；当凡士林达到 8%，可使试件的渗透系数减小至 2.87×10^{-7}cm/s。

6.4.3　黏土

黏土具有较大的孔隙率和可塑性。选取设计方案中 S5 组进行试验，得到的影响效果曲线如图 6.19 和图 6.20 所示。

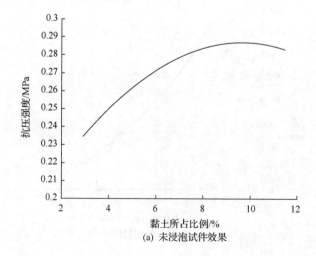

(a) 未浸泡试件效果

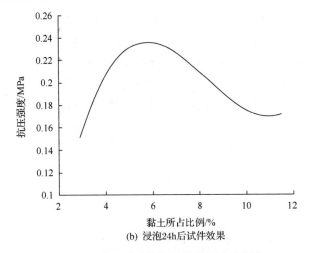

(b) 浸泡24h后试件效果

图 6.19　黏土对试件抗压强度的影响曲线

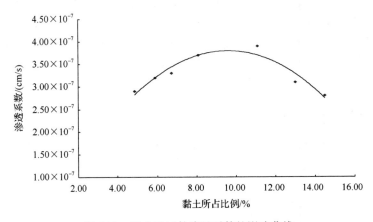

图 6.20　黏土对试件渗透系数的影响曲线

从图 6.19 可看出,使用黏土的材料在浸水前后材料的力学性质变化比较明显。未浸水材料黏土含量越高,试件的强度越高,当黏土占总重量的 10%以后,试件抗压强度的增幅不再有显著性的升高,趋于平稳。浸水后的材料当黏土比例占 5%时,材料的强度到达高峰,而后随黏土量的增加,材料强度开始转变为逐渐降低。

由图 6.20 分析黏土对试件渗透系数的影响,可以发现以下规律:黏土对试件的渗透性具有一定的影响作用,当黏土所占比例小于 10%时,能够有效改善试件的渗透系数,黏土量越大,渗透性越强;当超过 10%时,试件的渗透系数随着黏土比例的增大,而出现下降趋势。

6.4.4　其他成分

通过大量配比试验和相关资料分析发现,水泥在影响试件的强度方面和砂子具有较为相似的作用效果，即砂、水泥等此类材料的增加增强了材料的摩擦力，材料弹性模量随其含量比例的增加而提高。同时砂比例的增加也会导致其他材料含量的相对减少，一定程度下又影响到试件的密实度，抗压强度随之降低。

分析相似材料模型试件的装模温度等因素对相似材料性能的影响，可得出如下结论：实验过程中装模温度对 SPCV 材料的性能影响较大，在一定范围内，材料装模温度越高，试件的强度越高，如装模温度在 80℃时试件的抗压强度是装模温度在 30℃的 2 倍左右。制作模型时，对试件的压实度（力度）情况直接影响到材料的抗压强度和渗透性。压实度大，试件的抗压强度大；反之，抗压强度就小。

6.5　新型材料总结分析

6.5.1　新型流固相似模拟材料性能评估

相似模拟材料是建立在对原岩详细研究的基础上，材料模型性能必须满足与原岩材料相似对应关系。为研究深部开采原岩的物理力学性质，进一步对比分析新型相似材料的相关性能的相似度，取济北矿区深部开采矿井现场获取典型性岩石（泥岩、灰岩）试样，进行力学特征的测试。总结新型材料的各项性能，对比分析，评价材料的可操作性和现实效果。

1. 深部岩石物理力学性能

通过实验室 MTS815.03 岩石伺服系统对原岩试样进行力学性能进行试验，得到深部矿井泥岩、灰岩的单轴压缩试验全应力-应变曲线及部分力学参数值，试验过程及结果如图 6.21、图 6.22 及表 6.9 所示，研究表明，浸泡后不同岩性的岩石强度变化也不同，具体如表 6.10 所示。

图 6.21　部分试件及试验操作

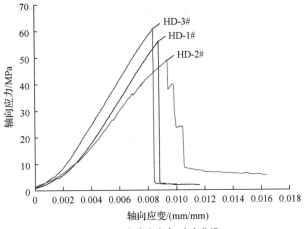

(a) 灰岩全应力–应变曲线

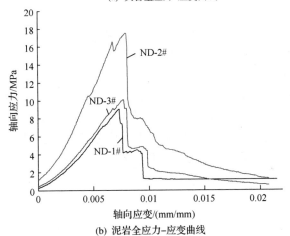

(b) 泥岩全应力–应变曲线

图 6.22　深部开采矿井底板典型岩性单轴压缩全应力-应变曲线

表 6.9　深井底板岩石部分力学参数

岩性	试件编号	抗压强度/MPa	残余强度/MPa	弹性模量/MPa	泊松比	渗透系数/(cm/s)
灰岩	HD-1#	55.42	4.72	19 203.8	0.2029	5.1613×10^{-6}
	HD-2#	50.23	7.84	18 129.8	0.2134	4.1598×10^{-6}
	HD-3#	62.38	7.77	19 429.6	0.1945	2.3384×10^{-6}
	平均值	56.01	6.78	18 921.1	0.2036	3.8865×10^{-6}
泥岩	ND-1#	9.37	3.58	3378.5	0.2926	3.3690×10^{-7}
	ND-2#	17.29	3.66	6286.5	0.2237	3.4315×10^{-7}
	ND-3#	10.2	2.22	4261.4	0.2238	2.1716×10^{-7}
	平均值	12.29	3.15	4642.1	0.2467	2.9907×10^{-7}

表 6.10　浸泡后岩石部分力学参数

岩石参数	石灰岩 1	石灰岩 2	砂岩	泥灰岩	页岩	白云质灰岩	泥岩	黏土岩
抗压强度/MPa	150.2	88.4	155.1	43.7	154.0	126.6	29.2	12.4
浸泡后强度/MPa	123.8	85.7	125.2	23.3	81.4	63.4	0	0
吸水率/%	0.24	0.14	0.32	3.61	1.59	0.56	16.5	32.2
软化系数	0.82	0.97	0.81	0.53	0.53	0.5	0	0

2. 新型材料性能

两种新型流固耦合相似材料在强度、渗透性上变化范围比较大，可模拟不同渗透系数的低强度、中等强度和高强度的岩体材料。其中，SPCV 材料：抗压强度变化范围为 0.20～1.0MPa，弹性模量变化范围为 40～200MPa，渗透系数为 $3.68×10^{-7}～2.25×10^{-4}$cm/s，黏聚力为 40～120kPa，摩擦角为 32°～53°；SCCV 材料：抗压强度为 0.30～0.8MPa，弹性模量为 120～260MPa，渗透系数为 $2.87×10^{-7}～9.37×10^{-5}$cm/s，黏聚力为 30～100kPa，摩擦角为 30°～50°。

与深井岩石的力学参数对比分析知，新型相似模拟材料在应力-应变曲线、抗压强度、渗透系数、吸水率等方面均满足相似关系；可从材料各项参数中进行选取，用来模拟不同岩性条件。两种新型材料在水的作用下均不发生软化或塑性变形，具有良好非亲水性，是一种比较理想的流固耦合相似模拟材料，可用于下一步进行深部开采岩体流固耦合物理相似模拟试验。

6.5.2　新型材料性能控制因素

1. 力学性能

新型材料的抗压强度主要取决于骨料砂子的比例。同时，石蜡、黏土、水泥等也起到关键性作用。针对 SPCV 材料，可以通过调节石蜡的含量来调节材料模型的抗压强度、弹性模型等参数。对于 SCCV 材料，可主要通过改变黏土的比例来调节材料试件的相关力学参数；水泥可作为辅助进行调节材料试件的抗压强度。两种材料都可以通过调节凡士林的含量来反向调节相似模拟材料的弹性模量。

2. 胶结性能

石蜡、凡士林、水泥都是较好的胶结材料。一定条件下，可通过石蜡、水泥来调节相应材料试件的胶结性能，提高相似材料的密实度。同时，液压油、水等材料能够保湿，减少材料干裂，也能起到适当调整材料胶结性能的作用。

3. 非亲水性

SPCV 材料非亲水性主要受石蜡影响，SCCV 材料主要受凡士林影响，同时液压油作为调节剂也能促进材料的非亲水性。一定条件下，材料试件的非亲水性主控因素为石蜡、凡士林，材料模型中石蜡、凡士林比例越高，非亲水效果越好。

4. 渗透系数

新型材料的渗透系数采取的主要调控因素有石蜡、凡士林。二者在相应材料中的比例增加，渗透系数则有效减小，控制此两种因素即可达到有效控制材料的渗透系数。此外，黏土、水泥也对材料的渗透性产生较大影响。在石蜡、凡士林比例一定的条件下，黏土、水泥与渗透系数基本呈反趋势作用，含量越大，渗透性越差。

6.5.3　新型材料优缺点

SPCV 材料和 SCCV 材料两种新型流固耦合相似模拟材料，都具有性能参数取值范围广、可调节性大、可塑性强等特点，且试验中材料成分配比易得，操作流程简单，材料性能稳定，都能达到多种岩性材料要求。

在多次试验过程中发现，两种材料也有一定局限性。SPCV 材料由于石蜡成分的影响，模型材料对温度要求较为严格，在试验温度较低时，将影响试验模型的强度及试验效果。SCCV 材料中的黏土遇水后会有一定的膨胀性，若在潮湿或水环境复杂条件下进行大型试验时，将对试验条件要求更为严格。

因此，SPCV 材料更适宜于进行矿井浅部开采低强度、中高渗透性岩体的大型模拟实验；SCCV 材料性质由于黏土的膨胀性，在模拟深部开采中高强度、中低渗透性岩体的中小型模拟试验将取得较为理想的效果。

第7章 深部高水压底板突水灾变特征 物理模拟试验

煤矿承压水上开采的底板破坏情况可分为完整底板破坏型突水和地质构造破坏型突水。突水的主要原因是由于底板岩层形成了突水通道。底板突水机理的本质是采动矿压和承压水水压共同作用下底板发生变形、位移、破坏进而利于承压水导升的突水通道。尤其是在深部开采，采场围岩具有高地应力，支承压力更为显著，且底板承压水水源具有更高水压，对底板的影响破坏作用更加凸显。深部岩体的力学环境，加剧了采场底板原有裂隙和结构面的扩展、错动及贯通，加大了完整岩石带新裂隙产生的数量和范围，使得突水通道的形成具有瞬时性、复杂性。因此，完整底板突水通道的形成特征可通过研究底板变形破坏规律，以及破坏后底板岩层中裂隙的演化特征等方面进行综合分析论证。

多年来，大批学者利用物探、监测等手段，深入工程实践现场，研究采场底板岩层变形破坏规律，取得了大量研究成果。但是由于灾害问题的特殊性与复杂性，深井底板突水通道的形成与演化，有待于从试验方面进行论证分析。因此，利用相似物理模拟试验观察、分析高压作用下底板突水通道的形成、演化规律成为较为可行的途径。本章采用新型流固耦合模拟材料，建立高水压影响下的深部开采物理模型，利用自主研发的深部采动高水压底板突水相似模拟试验系统，借助监测手段，分析流固耦合状态下应力场和渗流场的变化，进而研究高压下底板岩层变形破坏规律，观测突水通道形成前后底板裂隙发育、扩展以及通道演化特征。

7.1 相似模拟方案及模型设计

7.1.1 相似准则及理论分析

相似材料物理模拟试验是在实验室里利用相似材料，依据现场柱状图和煤、岩石力学性质，按照相似材料理论和相似准则制作与现场相似的模型。然后进行模拟开采，在模型开采过程中对由于开采引起的覆岩、采场底板移动、变形、破坏等情况以及应力场、渗流场等多场耦合情况进行连续观测。

本次物理模拟试验，主要考虑高压水源对底板岩层的破坏作用，所以要特别把握流固耦合模拟的相似关系。除了对模型中采用的新型材料满足固体形变和渗透性要求外，还需要明确物理模型的相似对应关系。相似物理模型首先要满足相似三定理。针对水在岩体孔隙中渗流问题，法国水力学家达西在 1852～1855 年，通过大量实验得出达西定律，说明水力坡度与渗流速度呈线性关系问题，故又称线性渗流定律。其表达式为

$$u = -\frac{k}{\eta}(\nabla p + \rho g Z) \tag{7.1}$$

式中，u 为流体流速，m/s；k 为渗透率，m^2；η 为动黏系数，Pa·s；p 为水压，Pa；Z 为位置高度，m；ρ 为流体密度，kg/m^3；g 为重力加速度。

达西定律的适用条件是流速不大的层流情况，即底板岩层裂隙发育的初级阶段，当采场底板受开挖应力的强烈干扰，高压水与岩体之间的水力联系发生明显变化，渗流特征将低速多孔渗流演变为快速非线性渗流状态，此时底层处于突水前的临界状态，由于承压水流速较快，达西定律不再适用；此时的渗流状态更适合用 Brinkman 方程进行物理描述。即可表示为

$$\left.\begin{aligned}
(\mu / k)u &= \nabla\left\{-p\boldsymbol{I} + \eta[\nabla u + (\_\nabla u)^{\mathrm{T}}]\right\} + F \\
\nabla u &= 0
\end{aligned}\right\} \tag{7.2}$$

式中，∇ 为拉普拉斯算子；u 为流体流速，m/s；k 为渗透率，m^2；η 为动黏系数，Pa·s；μ 为渗透系数，m/d；p 为水压，Pa；F 为外力，N；$\boldsymbol{I}$ 为单位矩阵。

Brinkman 方程描述了水在孔隙介质中快速运动形成的剪切力、渗透压力作用下的运动规律，更为确切的刻画突水瞬时爆发前的应力场与渗流场的耦合特征。当采场底板发生破坏、突水通道形成，承压水在高水压作用下将由快速非线性渗流演变为急速的管道流。高压水流速较大，在某个裂隙或节理面甚至成喷射状，这种条件下渗流阻力可忽略不计，故可用 Navier-Stocks 方程进行描述，具体表示为

$$\left.\begin{aligned}
\rho u\nabla u &= \nabla\left\{-p\boldsymbol{I} + \eta[\nabla u + (\_\nabla u)^{\mathrm{T}}]\right\} + F \\
\nabla u &= 0
\end{aligned}\right\} \tag{7.3}$$

式中，ρ 为流体密度，kg/m^3。以上分析可以反映出在突水通道形成、演化过程中应力场与渗流场的相互影响，尤其是承压水在突水前后渗流状态的变化。此外，还应注意模型与实际原型初始条件、边界条件相似问题。在物理试验过程中可根据上述情况加以相似模拟分析。

7.1.2　模型设计及基本参数

1. 模型设计

结合前面章节分析高水压影响下的深部开采底板破坏内容，本节内容主要是完整底板破坏型突水情况，在此条件下分析单一岩性底板模式，更容易探寻采场底板突水通道的形成与演化规律。

以济北矿区某深井开采煤矿为原型参考，建立物理试验模型，如图 7.1 所示。

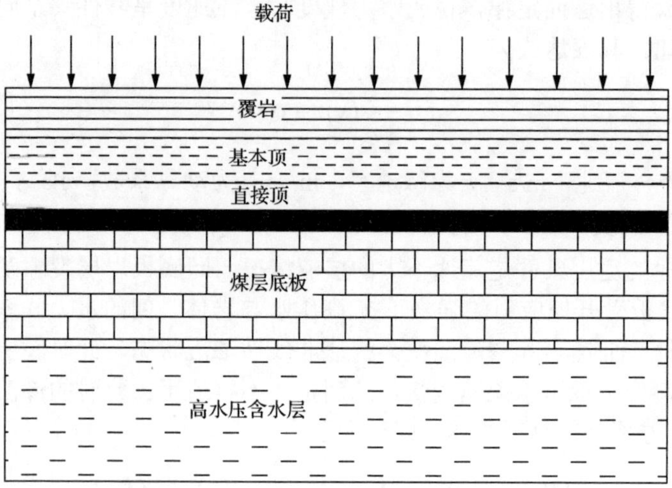

图 7.1　单一岩性底板物理试验模型设计示意图

2. 主要相似比确定

根据物理模拟试验台及其他试验条件，结合理论分析内容，确定模型几何比例尺寸 α 为 $1:200$。根据相似三定理中的 π 定理及相关相似准则，则可推导得到模型其他参数相似条件为

(1) 几何相似。设原型的三个相互垂直方向的尺寸为 X_p、Y_p、Z_p，模型的相应尺寸为 X_m、Y_m、Z_m，取长度相似系数 α_L：

$$\alpha_L = \frac{X_m}{X_p} = \frac{Y_m}{Y_p} = \frac{Z_m}{Z_p} = \frac{1}{200} \tag{7.4}$$

(2) 时间相似。取时间相似系数为 α_t，则有

$$\alpha_t = \frac{T_m}{T_p} = \sqrt{\alpha_L} = \frac{1}{14.1} \tag{7.5}$$

(3) 容重相似。设原型中第 i 层岩层的容重为 γ_{pi}，相应的模型中该岩层的容重为 γ_{mi}，取容重相似系数 α_γ 为

$$\alpha_\gamma = \frac{\gamma_{mi}}{\gamma_{pi}} = \frac{1}{1.5} \tag{7.6}$$

(4) 弹模相似。设原型材料的弹性模量为 E_{pi}，材料模型的弹性模量为 E_{mi}，

则各分层的弹性模量相似系数 α_E 为

$$\alpha_E = \frac{E_{mi}}{E_{pi}} = \alpha_L \times \alpha_\gamma = \frac{1}{300} \tag{7.7}$$

(5) 强度相似和应力相似。设原型材料的单向抗压强度为 σ_{cpi}，相应的模型材料的单向抗压强度为 σ_{cmi}，则各层材料的单向抗压强度为相似系数和应力相似系数为 $\alpha_{\sigma e}$，则

$$\alpha_{\sigma e} = \alpha_e \times \alpha_\gamma = 300 \tag{7.8}$$

即模型中各层材料的单向抗压强度为 $\sigma_{cmi} = \sigma_{cpi} / 300$。

(6) 渗透系数相似。设渗透系数为 K，由于模型用的流体是水，与原型一致，故 $\alpha_\lambda = 1$，则渗透系数相似比 α_k 为

$$\alpha_k = \frac{\sqrt{\alpha_l}}{\alpha_\lambda} = \frac{1}{14.1} \tag{7.9}$$

3. 试验参数

根据原型实际矿井开采情况，考虑两侧边界煤柱的宽度，同时结合力学分析底板破坏推进最小距离为：$60 \times \sqrt{1.2} = 65.7$m，则设计模型工作面推进长度 80m 作为停采线；另外考虑边界煤柱的影响，设计试验模型尺寸为 900mm×800mm×500mm（长×高×深），结合矿井实际及理论分析，设计采深 1200m，直接顶 20m，老顶 40m，煤层厚度 8m，底板岩层厚度 60m，正常模拟水压 10MPa。

由于模型铺设的模型高度为 0.79m，去掉底板厚度和煤层厚度，相当于模拟了 90m 高的覆岩层，那么对于平均采深为 1200m 的矿井采场来讲，还有 1110m 的覆岩荷载需要通过外部施加垂直表面载荷来替代。

按照原型矿井煤系地层上覆岩层的平均容重为 25kN/m³ 进行计算，则需要模型上部施加的覆岩载荷为

$$\sigma_z = \gamma H = 25 \times 1110 = 27750(kN / m^2) = 27.75(MPa) \tag{7.10}$$

式中，γ 为上覆岩层的平均容重，kN/m³；H 为上覆岩层深度，m；α_σ 为应力相似比。则模型在垂直方向上应加载载荷为

$$\sigma_s = \sigma_z \div \alpha_\sigma = 27.75 \div 300 = 0.0925(MPa) \tag{7.11}$$

根据围岩特征，深部矿井岩石水平应力甚至高于垂直应力，考虑模型材料各向均性，无构造影响，则模型水平方向施加载荷为

$$\sigma_h = \gamma H \div \alpha_\sigma = 25 \times 1200 \div 300 = 0.1(MPa) \tag{7.12}$$

此外，根据模拟承压水水压计算出模拟施加水压为 0.05 MPa。通过模拟试验台中的伺服加载系统施加模型荷载实现应力补偿，通过试验台高水压加载系统自动供给相应水压大小。

结合济宁矿区地质水文条件及试验相关要求，设计模型自上而下岩层性质分别为：覆岩层为砂岩、直接顶为泥岩，底板为灰岩。底板岩层采用本书研制的新型流固耦合相似模拟材料，顶板岩层不涉及流固耦合问题，为配合试验效果，采用砂、水泥、石膏、水配比而成相应模拟材料，各分层间铺撒云母粉分隔，具体参数见表 7.1。

表 7.1 物理模拟岩性参数及材料配比

岩层	单向抗压强度/MPa	弹性模量/GPa	泊松比	内摩擦角/(°)	容重/(kg/m³)	渗透系数/(cm/s)	材料配比	铺设厚度/cm
覆岩层	75	8.6	0.35	39	2650		砂：水泥：石膏：水(22：3：4：2.5)	35
直接顶	22	3.3	0.25	20	1800		砂:水泥：石膏：水(22：3：4：2.5)	10
煤层	18	1.2	0.25	15	1300		砂：水泥：石膏：水(46：4：2：6)	4
隔水层	56	6.5	0.3	39	2250	5.6×10^{-6}	SCCV(10：1：0.65：0.5)	30

7.1.3 模型制作

将深井采动煤层底板突水相似模拟试验台调试完毕后，即可对相似物理模型进行制作。模型采用人工夯实填筑法制作完成，如图 7.2 所示，具体流程如下。

(a) 材料筛选　　　　　　　　　　　　　(b) 材料选重

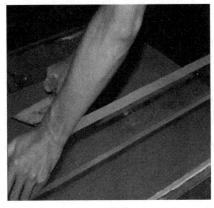

(c) 模型制作　　　　　　　　　　　　　　(d) 整体模型

图 7.2　模型制作过程

(1) 按照相应模拟材料配比要求，进行选材、加工试件、测试性能要求。

(2) 根据试验要求，大比例配置相似模拟材料。

(3) 对试验台部分部位封打密封胶，为减少摩擦，并在前后有机玻璃板等处涂抹润滑油。

(4) 根据试验需要，在模型底板岩层布设应力传感器，布点如图 7.3 所示。

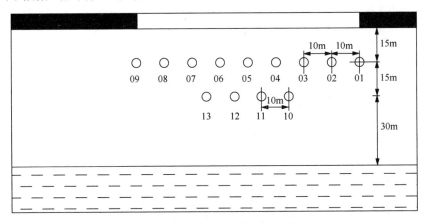

图 7.3　底板应力测点布置示意图

(5) 按照各分层尺寸自下而上进行铺设材料。

(6) 对各岩层间铺撒云母粉，并夯实各层相似模拟材料。

(7) 相似模拟材料铺设完毕后，施加外部载荷，对模型进行压实，提高密实度。

(8) 将模型放置 3～5 天，进行室温养护。

待模型完全干燥、定型后，拆除试验盒前面煤层处有机玻璃挡板，同时对模型施加相应载荷，并加载预置水压，即可对模型进行开挖。

7.2　底板破坏规律与突水特征分析

7.2.1　模型岩体初始应力状态

在模型开挖之前，对纵向、横向的载荷进行稳步施加，防止模型急剧受力变形、破坏；载荷施加完毕后，放置 0.5 天稳定后，开始施加预置水压，同样采取稳步施压的方法，避免底板动力性损伤破坏。载荷和水压到达预置数据后，保持稳定，加载情况，如图 7.4 所示。所有预置应力、载荷施加完毕后，放置模型 1 天，而后进行开采，开采方式采用人工钻凿的形式。

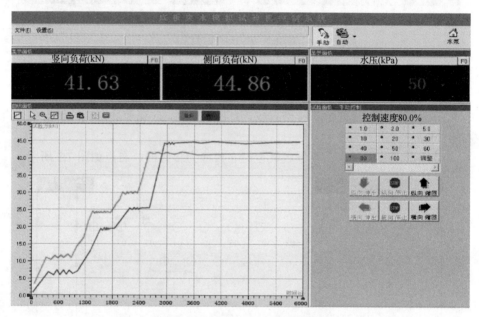

图 7.4　载荷、水压加载图

在加载水压后，采集系统测得水压力变化并不是均匀的，在模型中部传感器个别布点显示水压力存在跳跃性，而后逐渐趋于平稳，如图 7.5 所示，可以认为处于原岩应力平衡状态。煤层底板岩层上部受到煤层及覆岩的自重载荷，通过加载水压，煤层底板下部岩层一些裂隙或弱面在水压作用下将发生扩展，造成承压水进入其中，形成承压水原始导高带如图 7.6，但此高度不大，受底板岩性及水压大小影响，模型观测导升高度约为 6m。

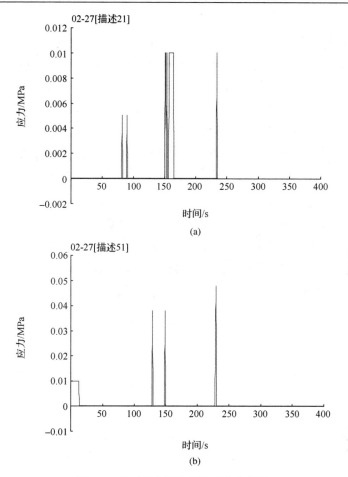

图 7.5 水压部分测点原始采集数据图

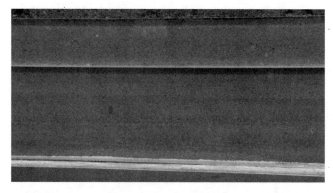

图 7.6 承压水原始导升

7.2.2　底板裂隙发育阶段

考虑边界条件,将开切眼位置设于距右侧边界 10cm 处,即开切眼距边界 20m,如图 7.7 所示,采用走向长壁垮落法开采,一次采全高 8m,每次推进 5m(2.5cm),设计共推进 16 步,停采线位于距左侧 30cm 处。

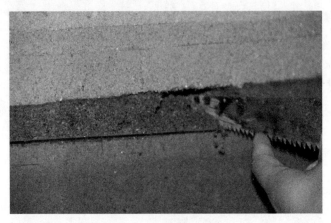

图 7.7　煤层开切眼

当煤层开采至工作面推进到 10m 时,应力传感器 01 号、02 号监测数据如图 7.8 所示,水压测点变化曲线如图 7.9 所示。开切眼前、后两侧煤层下方底板岩体出现应力增高。同时,水压力也在此区域呈现波动变化趋势,其他位置未有明显变化。可知,煤层开采以后,在煤层产生底板应力重新分布,在两边煤壁前、后支承压力的作用下造成底板应力集中,在开切眼附近形成压力升高区。由于采矿活动的影响,打破了原有的应力平衡,高承压水对底板岩体也产生相应顶托作用,一定情况下,会对底板下界面岩体产生损伤,有利于原有裂隙的扩展、发育。

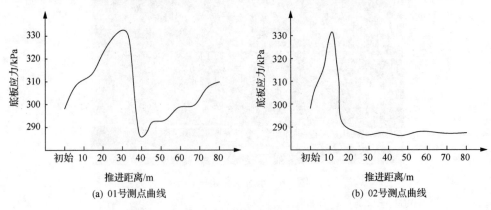

(a) 01号测点曲线　　　　　　　　　　　　(b) 02号测点曲线

图 7.8　01 号、02 号测点底板应力变化拟合曲线

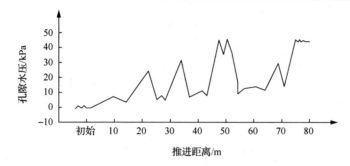

图 7.9　开切眼下方水压变化拟合曲线

　　当工作面由 10m 推进至 30m 时，底板应力与监测水压未出现急剧变化，相对具有一定规律，如图 7.10、图 7.11 所示。由 01 号测点显示，开切眼处底板应力继续增大，02 号测点在工作面推过后，应力开始由大变小，同时，03 号测点当工作面推近时，应力开始增大；工作面推进至 22m 左右时，10 号测点应力开始增大。水压传感器在采空区区域推进距离 40~43m、54~66m 等处测点存在减小变化，但其他测点水压变化不大。监测表明，底板应力升高区随着工作面向前推进，也不断前移，同时在采空区底板应力开始减小，出现卸压状态。

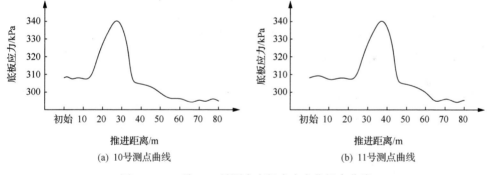

(a) 10号测点曲线

(b) 11号测点曲线

图 7.10　10 号、11 号测点底板应力变化拟合曲线

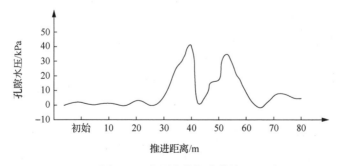

图 7.11　水压变化拟合曲线

　　从材料模型外部观察，采场顶板出现裂隙，直接顶有明显下沉，在推进到29m时，顶板有断裂趋势；采场直接底板较为完整，中部存在稍微升高趋势；底板与承压水接触面未产生明显裂隙，承压水渗透导升线有所升高。如图7.12所示，当工作面推进到32m时，顶板出现初次垮落。01号测点压力值开始减小。11号测点应力值逐渐增大，10号测点的应力呈减小趋势；随着工作面继续向前推进，至40m左右时，顶板出现离层现象。

图7.12　顶板断裂离层

　　工作面推进至43m时，基本顶垮落。开切眼处底板应力继续增大。底板应力曲线波动与水压曲线波动剧烈，如图7.13所示，73、80、87、94等测点区域水压显示水压急剧变化；模型在开切眼附近下方底板岩层下界面出现裂隙，如图7.14(a)，并逐渐向左右延伸。

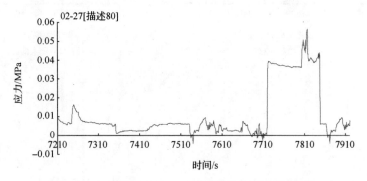

图7.13　开切眼下方水压48号测点原始采集数据图

　　如图7.14(b)所示，推进至52m时，在模型煤壁下方底板岩层下界面出现另一条裂隙。开切眼处的裂隙水平延伸，开始向上发展，与水平方向夹角成52°左右。

(a) 右侧裂隙　　　　　　　　　　　　(b) 左侧裂隙

图 7.14　底板裂隙

当工作面推进至 59m 左右时，模型底板下界面裂隙向上发育高度较大，右侧裂隙已升高至底板下方约 30m 处；左侧裂隙向上延伸角度与水平方向约成 60°。同时，两个裂隙在最下方从起裂位置均向中间延伸。

当工作面推进至 65m 处时，底板右侧裂隙上方开始向水平方向左侧延伸，延伸裂隙开裂度较小，如图 7.15 所示。同时，从模型背面观察，如图 7.16(a) 所示，在煤层开切眼下方底板与承压水接触位置也出现一条裂隙，沿 58°角度斜向上发展；并且，在采空区开切眼和工作面煤壁位置底板出现明显向下的裂隙，如图 7.16(b) 所示。

图 7.15　右侧裂隙发育

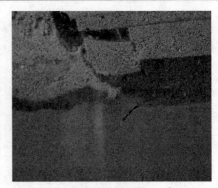

(a) 模型背面裂隙　　　　　　　　(b) 煤壁下方裂隙

图 7.16　模型背面裂隙

　　分析可知，在工作面推进过程中，底板应力升高区逐渐随工作面向前移动，影响范围也逐渐变大并向深部延伸；采空区底板逐渐由应力集中逐渐变为卸压状态，且小于原始应力状态；采空区底板中部受到拉张力学作用，产生变形，且逐渐增大，说明此位置在采矿活动影响下容易产生拉性破坏。随着工作面推进，顶板垮落、初次来压，开切眼附近底板区域出现应力集中明显，底板容易产生破坏。

　　当工作面推进到一定程度时，由于控顶距过大，承压水对底板岩层产生破坏作用(顶板垮落岩石影响相对较小)，形成裂隙，并向上延伸；裂隙向上延伸角度为 50°～60°，而非垂直方向，由此分析知，底板隔水层在高水压作用下首先产生拉性破坏，而后在拉张和剪切共同作用下，裂隙进一步向上发展。

　　在采矿活动影响下，采场底板逐渐向下产生破坏，开切眼附近裂隙发育较为明显。通过物理模拟试验发现，一定条件下，承压水递进导升的高度将大于底板破坏的深度。

7.2.3　突水通道萌生阶段

　　当工作面推进至 68m 时，采场出现周期来压，顶板再次垮落，如图 7.17 所示。

图 7.17　顶板再次垮落

此次底板应力曲线波动相对不大，分析 11 号、12 号测点应力变化规律并与 13 号测点应力最大值进行比较，可推知前期工作面推进底板破坏深度已达到最大，将不再向下发展，但水平方向在破坏带内仍不断有裂隙的沟通与扩展。

工作面推进至 70m 时，从模型正面观察，采场底板下界面右侧裂隙向上发展至煤层底板下方 20m 处，并有进一步向上发展趋势，如图 7.18 所示。左侧裂隙也向上导升至煤层底板下方 25m 左右。两裂隙在底板岩层下界面形成沟通。同时，采空区中部附近下方 18m 处底板岩体出现明显层向裂隙，并有延伸扩大趋势。

图 7.18　底板裂隙演化

工作面推进从 68~71m，工作面下部区域传感器测点水压上下波动剧烈，如图 7.19 所示，水量增大，可知采空区底板中部区域在承压水作用下，破坏较为严重，裂隙增多，并不断扩展、沟通。

图 7.19　45 号水压监测原始采集数据图

此时，由于承压水导升高度及对底板破坏程度的进一步加大，底板采动裂隙即将与承压水导升破坏裂隙沟通，形成突水通道。

7.2.4　突水通道演化阶段

当工作面推进至 72m 时，在工作面后方 30m 左右采空区中部，首先出现突水点，并不断涌水，如图 7.20 所示。

放大图

图 7.20　突水点

工作面继续向前推进，水压监测显示，中间区域测点持续处于减压状态，两侧煤壁下方测点水压急剧出现减压，水量进一步增大。突水点处的涌水量增大，承压水夹杂相似模拟材料不断冲刷出模型。

此时，从模型背面观察，如图 7.21 所示，开切眼下部底板裂隙从底板下方从 38m 不再沿斜向上发展，而是垂直向上发展，形成突水通道，在开切眼处发生突水。同时该裂隙从采场底板下方 18m 附近破坏演化剧烈，向右上沿约 30° 方向产生裂隙，并发育演化至采空区，形成承压水导升的新裂隙通道。

图 7.21　模型背面开切眼处突水通道

随着突水通道的不断扩大、演化，突水点的不断增加，采场突水量进一步加大，并将垮落岩石冲出，最终演化成突水灾害，如图 7.22 所示。

(a) 突水量增大 (b) 采空区岩石冲出

图 7.22 突水灾害演化

通过物理模拟试验可知：承压水和矿压共同作用下，使底板产生破坏，高压水作用下裂隙成一定角度斜向上发展，同时，随着裂隙发育高度的递升，也逐渐向层向扩展。当裂隙发育、扩展高度达到一定程度，并与采空区底板向下产生裂隙沟通时，即形成承压水导升的突水通道，在底板形成突水点，随着工作面继续推进及承压水的不断影响，突水通道逐渐扩大，突水量增大，并在采空区不断形成新的突水点，最终导致突水事故。

在开采过程中，如图 7.23 所示，由于底板下界面两端位置受剪切与拉张作用影响，首先产生两条裂隙；开切眼处裂隙较为发育，试验证明并解释了此处突水概率较大，也说明是易发生突水位置。采空区中部受到拉张效果明显，此位置裂隙向下发育较为深入；当承压水向上导升至底板破坏带时，则采空区中部最易先出现突水点。此结论与相应力学分析结果具有一致性。

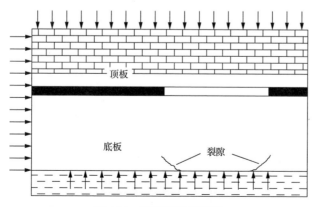

图 7.23 底板裂隙示意图

从突水通道的形成过程分析，突水通道形成特征主要受承压水水压大小、工作面推进尺寸、底板破坏深度、完整底板岩体力学等方面的影响。试验表明，高承压水使底板下界面首先产生张裂隙，裂隙位置在前方煤壁和开切眼下方，并沿一定角度(50°～60°)逐渐向上发育；突水通道的形成路径较为曲折，往往近似成"之"字形，最终在采空区中部位置形成突水通道。

物理模拟试验的过程及结果，同时也证明了深部采动高水压底板突水相似模拟试验系统的可靠性以及新型流固耦合相似模拟材料的有效性。

第8章　深部开采断层活化突水及裂隙扩展的试验研究

大量工程实例表明，断层构造引起的突水大部分是由断层引起的。为了能够真实反映深部煤层开采后底板断层活化突水和裂隙扩展演化的动态过程，分析断层组附近采动对断层活化的影响，以及断层突水裂隙的发育状况。本章建立深部承压水上采煤的底板岩体裂隙演化模型，研究高承压水作用下断层组对底板断层活化突水的时空作用，揭示深部开采断层活化突水及裂隙扩展的试验规律。

8.1　断层相似材料的研制

8.1.1　材料的选取分析

1. 断层相似材料选取原则

(1)对于模拟断层的相似材料，要求材料在水的作用下能发生明显软化，保证材料的亲水性非常重要，即模型材料需选择常规相似模拟材料(砂、碳酸钙、石膏)作为胶结剂进行制模。

(2)断层模拟材料需满足能够模拟岩性固体变形等物理学性质以及渗透性相似的特点。

(3)在物理试验过程中，断层材料在于承压水导通的状况下，能够模拟断层的破坏活化和突水通道的形成与演化，即正常深井开采条件下，断层模拟自主由下至上发生破坏。

(4)微观模拟水压制裂，单元化模拟岩石的损伤破坏。

2. 材料的选取

由 7.1 节的研究可知，采用砂、碳酸钙和石膏的相似模拟材料满足模拟顶板岩层的性质，同时该材料对水具有毛细作用。断层相似材料在顶板材料的基础上添加黄豆进行制作。

黄豆亲水后会发生膨胀，并释放出较大的能量，释放的能量足以使流固耦合相似材料发生破坏，致使裂隙通道的产生。因为种子膨胀的力量能够顶起土壤中在体积和重量上超过它不止 1 倍的土块，黄豆亲水膨胀前后体积对比如

图 8.1(a)～(c)所示。黄豆种子的这种现象称为吸胀作用。吸胀作用是亲水胶体吸水膨胀的现象。原生质、细胞壁、淀粉粒和蛋白质等都呈凝胶状态，细胞壁里面还有大大小小的缝隙。水分子(液态的水或气态的水蒸气)会迅速地以扩散作用或毛细管作用等形式进入这些凝胶内部。由于这些凝胶是亲水的，而水分子是极性分子，水分子就通过氢键与亲水凝胶结合起来，使其膨胀。原生质凝胶的吸胀作用的大小与该物质的亲水性的大小有关系，蛋白质、淀粉、纤维素三者的亲水性依次递减，所以含蛋白质较多的豆类种子的吸胀作用比含淀粉较多的种子要大。

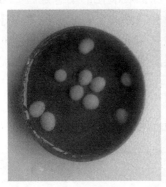  

(a) 亲水前　　　　　　　　(b) 膨胀过程中　　　　　　　(c) 完全膨胀后

图 8.1　黄豆亲水前后对比图

8.1.2　试验方案设计

依据本章研究结果表明：砂、碳酸钙、石膏为顶板材料时，顶板相似模拟材料具有较好的和易性和可塑性。在该配比的基础上添加黄豆，通过改变黄豆所占的质量比找到适宜模拟断层的相似材料。为验证试验的可行性，通过制作"断层破裂模拟试件"并进行不同条件下的亲水破坏，实现断层材料对底板突水试验中活化至突水通道形成的模型。该实验的目的验证断层材料在亲水状态下膨胀对围岩的挤压致裂作用，从而验证现场条件下断层活化致围岩的裂隙演化及突水通道形成的时空演变规律。

标准试件采用双开模具制作，由流固耦合相似模拟材料和断层相似模拟材料两种材料组成。试件内部为圆柱夹层(直径 20mm，高度 70mm)，材料为断层材料；夹层由较大圆柱包裹(直径 50mm，高度 100mm)，由底板材料组成，如图 8.2(a)所示。下文利用该流固耦合相似模拟材料进行底板断层突水试验的模拟，底板材料为灰岩、泥岩和粉砂岩三种[图 8.2(b)]，因此断层材料亲水对围岩造成的破坏程度也必须考虑在内。

断层材料使用粒径为 2～5mm 的河砂，目的为增大材料与水的接触面积，同时较多地使用碳酸钙减少石膏的含量以降低试件的强度，经过大量的配比试验，确定断层材料配比(砂：碳酸钙：石膏：黄豆=8：6：1：2)。该配比的断层模拟材料具有较好的和易性和可塑性，图 8.3(a)为断层材料制作的标准试件，图 8.3(b)为试件在湿润环境下材料破坏及裂隙演化图片。

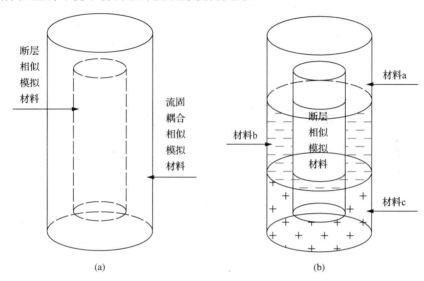

图 8.2　断层破裂模拟试件

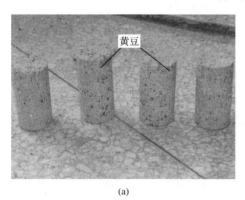

图 8.3　断层相似模拟材料试件

试验采用单因素试验方法对相似材料进行配比，初步确定了 D1～D7 共 7 组试验方案，如表 8.1 所示。通过对 7 组试验方案中试件的指标测试，选取断层材料各组分的最佳比例。

表 8.1 断层相似材料配比方案

试件编号	外层材料	内层材料	备注
D1	a 灰岩，b 泥岩，c 粉砂岩	8：6：1：2	
D2	a 灰岩，b 粉砂岩，c 泥岩	8：6：1：2	
D3	a 泥岩，b 灰岩，c 粉砂岩	8：6：1：2	D1～D7 试件均作浸泡处理，D1～D3 试件为三种岩性的围岩，D4～D6 试件为均一岩性的围岩，D7 试件为对比试验
D4	a 粉砂岩，b 粉砂岩，c 粉砂岩	8：6：1：2	
D5	a 泥岩，b 泥岩，c 泥岩	8：6：1：2	
D6	a 灰岩，b 灰岩，c 灰岩	8：6：1：2	
D7	a 灰岩，b 灰岩，c 灰岩	无内层材料	验证材料在无断层材料时不崩解

注：灰岩(砂子：石蜡：液压油：碳酸钙：凡士林)为 15：0.8：0.7：1.4：0.5；粉砂岩为 15：1：0.7：1.2：0.5；泥岩为 15：0.7：0.7：1.6：0.5。

为了保证制备试样具有与真实隔水层相似的力学性质，试验过程保持 85℃左右的制模温度，该温度下制模不会对黄豆的亲水膨胀性能造成影响，大豆的吸水膨胀作用主要与其组织间隙，还有蛋白质、淀粉等大分子物质的亲水基团有关，而与大豆的生物活性并无太大关系。所以，较高温度下对黄豆膨胀的不会产生较大的影响。

8.1.3 断层材料对围岩影响研究

假设黄豆为亲水前后均匀的椭球体，令横向长度为 a，纵向长度为 b，则平均直径为 $\frac{1}{2}(a+b)$。本章挑选 5 组具有代表性的黄豆，记录在亲水（图 8.1）0.25h、0.5h、0.75h、1h、1.25h、1.5h 和 2h 的 a、b 值，具体数值如表 8.2 所示。

表 8.2 亲水过程中 a、b 与体积值

序号	0.25h/mm		0.5h/mm		0.75h/mm		1h/mm		1.25h/mm		1.5h/mm		2h/mm	
	a	b	a	b	a	b	a	b	a	b	a	b	a	b
	平均值		平均值		平均值		平均值		平均值		平均值		平均值	
1	9.00	6.58	9.54	6.54	9.68	6.94	9.82	7.00	10.50	9.22	9.98	7.12	15.00	8.18
	7.79		8.04		8.31		8.41		9.86		8.55		11.59	
2	8.22	6.68	8.42	7.20	8.58	7.28	9.24	7.32	10.72	7.62	9.96	7.78	14.50	7.80
	7.45		7.81		7.93		8.28		9.17		8.87		11.15	
3	7.36	6.92	7.72	6.98	7.94	7.00	7.98	7.28	9.60	7.56	11.44	7.86	13.02	8.18
	7.14		7.35		7.50		7.63		8.58		9.65		10.60	
4	7.70	6.56	7.86	6.40	8.00	6.60	8.54	6.82	9.24	7.26	11.08	7.72	12.04	7.78
	7.13		7.13		7.30		7.68		8.25		9.40		9.91	
5	8.78	6.34	9.36	6.38	9.48	6.78	10.02	7.00	10.12	7.12	12.10	7.20	12.94	7.98
	7.56		7.87		8.13		8.51		8.62		9.65		10.46	
平均体积/mm³	213.27		233.38		251.61		278.33		357.00		410.71		648.68	
体积变化值/mm³	0		20.10		38.34		65.05		90.11		42.27		237.97	

由图 8.4 黄豆亲水后直径与体积的变化可知，黄豆亲水 2h 前后体积增大 3.4 倍，半径增大 1.5 倍，且黄豆直径变化与时间呈一次线性关系。因此可知在全部浸水条件下，黄豆 2h 之内膨胀完成达到最大体积。

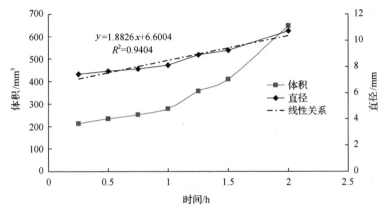

图 8.4　黄豆亲水后直径与体积变化

基于 Flory-Huggins 理论、橡胶弹性物理学推导的溶胀过程。需考虑到黄豆在实际吸水过程中自身重量和吸水量对自由溶胀过程中的束缚作用。由于在试验中试样是完全浸渍在水中，其受到了重力和浮力的共同作用，即所受的外力为

$$F = (m_d + m_水)g - \rho_水 g(V_d + V_水) \tag{8.1}$$

式中，m_d 为黄豆自身质量，g；$m_水$ 为吸水量的质量，g；$\rho_水$ 为水的密度；V_d 为黄豆自身体积，cm^3；$V_水$ 为吸水量的体积，cm^3；g 为重力加速度。

若将黄豆密度 $1.2\,g/cm^3$、水的密度 $1.0\,g/cm^3$ 带入后整理得

$$F = 2V_D = \frac{1}{8}\pi a^2 b \tag{8.2}$$

式中，V_D 为黄豆吸水后的体积，cm^3；π 为圆周率；a 为黄豆的横向长度，cm；b 为黄豆的纵向长度，cm。

假设黄豆在密闭空间内膨胀过程中做功全部作用于围岩，且不产生其他能量的损失，则单位面积单个黄豆作用的力为 $\sigma = F/S$，则 $\sigma \in [b/2, a^2/2b]$，经计算可知 $\sigma \in [0.40, 1.09]MPa$，与上文底板流固耦合相似模拟材料抗压强度进行对比可知，黄豆在膨胀过程中产生的能力足以使模拟材料发生破裂。

8.1.4　相似材料膨胀破裂时空过程

试件采用双开模具制作由两种材料组成，内部为圆柱夹层（直径 20mm，高度

70mm），夹层由较大圆柱包裹（直径 50mm，高度 100mm）。首先将直径 20mm 的水管插入模具中，然后依次加入相似材料并压实；压实后取出水管，将断层材料放入试件空腔中，上部加入底板相似材料再次压实，并将断层破裂试件浸水观察其破裂方式，制作完成的试件如图 8.5 所示。D1 试件、D2 试件和 D3 试件中部材料分别是泥岩、粉砂岩和灰岩，D4 试件、D5 试件和 D6 试件均为流固耦合相似材料制作的试件，分别为粉砂岩、泥岩和灰岩。

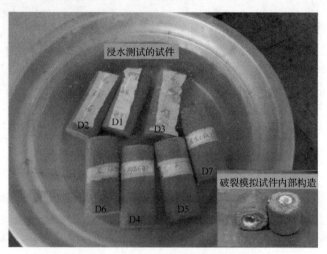

图 8.5 断层破裂材料亲水性测试

编号 D5 试件浸泡 7h 后发生破坏，其破裂的方式如图 8.6(a) 所示，主要的破坏方式为纵向贯穿破坏，以及少部分横向微裂隙。该泥岩材料抗压强度为 0.3MPa，小于粉砂岩和灰岩的强度，断层亲水后发生活化黄豆膨胀后促使试件破裂。15h 后 D4 试件、D6 试件材料相继发生断裂，破裂方式与 D5 试件相似。实验结果表明，断层材料能够模拟具有时空效应的断层活化，能间接实现水压对围岩的影响作用。

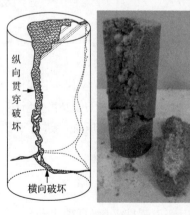

(a)   (b)

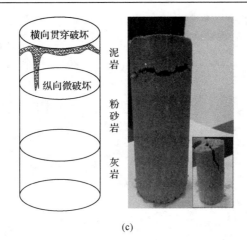

图 8.6　不同的破裂形式

D1 试件、D2 试件和 D3 试件破坏形式如图 8.6(b)、(c)所示，浸泡 8h 后试件含有泥岩部分的试件首先发生破裂，破裂的主要方式为横向贯穿破坏，以及少部分纵向微裂隙。D1 试件泥岩位于试件中部位置，首先试件横向发生裂隙，随着水的涌入，试件破裂并伴有纵向裂隙的演化；D2 试件与 D3 试件中部岩性分别为粉砂岩和灰岩，在浸水 8h 前基本不发生破坏，而端部的泥岩破裂较明显，端部显示为横向贯穿破坏和少部分纵向微裂隙。D7 试件不发生破裂。试验结果证明，在不同岩性的底板岩层，裂隙首先发生在强度降低的岩层中，随时间的增加裂隙破坏范围逐渐增大，直至产生较大的突水通道。

8.2　试验台与相似比的选择

8.2.1　采动底板突水相似试验系统

本书选用了山东科技大学自主研发设计的深部采动高水压底板突水相似模拟试验系统，该系统充分利用现代高科技手段，集计算机控制技术，主要特点是真实性、多样性、全过程。应用该系统可实现对底板突水时空演化过程的可视化观测，以及对深部流固耦合问题的相似模拟研究。

1. 系统的构成

深部采动高压底板突水相似模拟试验系统由 4 个部分组成：①试验台系统；②伺服加载系统；③水压控制系统；④计算机采集系统(含计算机控制系统和信息采集系统)。深部采动高压底板突水相似模拟试验装置实物照片如图 8.7 所示。

图 8.7　试验系统实物图

1) 试验台系统

试验主体模块是试验台系统的主体,从上往下可分为:安全外壳、龙门架、竖向加载油缸、侧向加载油缸、反力架、试验盒、水箱、水盆、底座和轴承。安全外壳除了使试验台整体紧凑美观外,还具有防护作用,能够有效保护实验室内部灰尘进入系统结构,延长使用寿命。龙门架采用框架钢结构形式,除特殊结构对接面有螺纹连接外,均为焊接而成,拥有足够的刚度和强度,对油缸加载载荷的反作用及部分结构原件自重提供有效的支撑,保持试验台模型架整体的稳定性。反力架的左侧与相似模拟材料接触部分采用钢板相连接,在侧向油缸向内加载时,相似模拟材料对反力架产生作用力,反力架通过龙门架的支撑,进而对相似模拟材料产生侧向反作用力,并同侧向油缸形成水平方向的双向作用力。在实验前,将对反力架连接钢板下部打入密封胶,实现对高水压的密封。

水箱是不锈钢结构箱体,尺寸为 1200mm×910mm×300mm,如图 8.8 所示,内部有钢结构支撑架板,对上覆相似材料模型起到有力支撑,各支撑架板上面有孔隙,能够方便水箱内进行水力联系。水箱外侧背面有钻孔,通过高压液压管与水压控制系统直接相连。水箱外侧钻孔均装有橡皮塞,有效密封内部水体,防止漏水泄压。水箱下部为外设的不锈钢水盆,水盆倾斜向上开口,上部敞口尺寸为 1260mm×960mm,下部铸铁密封尺寸为 1230mm×930mm×250mm。水盆敞口尺寸比上部水盆及相似材料试验盒从长、宽上多出至少 50mm,在实验进行时,能够收住掉落的相似模拟材料及流淌水体等物体,保持实验室卫生。水箱上部前后为新型材料高强度密封材料——有机玻璃板,如图 8.9 所示,其既有一定强度、又能承受一定的变形，而且透明、摩擦力比较小，可以很好地隔离高压突水并观察到内部演化。

图 8.8　水箱内部结构

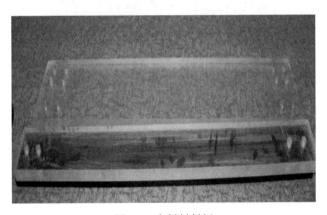

图 8.9　密封材料板

2) 伺服加载系统

试验台加载系统的主要技术指标为：垂直加载单元，最大垂直荷载达 300 kN，作动器最大行程达 400mm，位移传感器量程达 30mm，测量控制精度达到示值的 ±1%；侧向加载单元，最大水平荷载达 300kN，作动器最大行程达 200mm，位移传感器量程达 30mm，变形控制取多支位移传感器平均值，测量控制精度达到示值的±1%；伺服控制部分，荷载加载速率最小最大分别达 0.01kN/s 和 100kN/s，位移加载速度(位移控制)最小、最大速率分别达 0.01mm/min 和 100mm/min，位移控制稳定时间为 7 天，其测量控制精度达到示值的±1%。

3) 水压控制系统

高水压加载系统如图 8.10 所示，主要包括水槽、柱塞泵、稳压器、缓冲器、隔离器、流量计，安全阀等。该系统可以实现多级可控的恒定突水流量控制，并在 EDC 控制系统软件中设置一个压差控制通道，来测量进口压力和出口压力的差值。水压控制系统通过高压软管与试验台水箱连接，柱塞泵与注水压头由高压软管连接，将水槽内的水注入试件。为了便于实验观察高压水源渗流效果及突水通道演化过程，水槽内加入蓝色颜料形成有色水体。

图 8.10　高水压加载系统

2. 系统的特点

1) 真实性

模型试验台可以模拟影响煤层底板突水五因素，即模拟开采环境下地质构造、矿山压力、水压力、隔水层厚度及工作面宽度等因素，以满足实验真实性和高精度性。针对深部开采试验台真实性模拟深部开采"三高一扰动"地质环境。通过液压伺服加载装置实现侧向最大加载载荷 300kN，轴向最大加载载荷 600kN，同时对第三向边界采用有机玻璃板进行约束，在双向加载时，便可实现在模型内具有高应力的效果。突水压力伺服稳压系统通过水压控制系统装置，实现高水压的状态下的保压功能以及变水头压力条件下的动水压作用效果；试验台底部由刚性弹簧组成的蓄能扰动装置实现开采过程中的能量的集聚与释放，为模拟冲击地压和强烈开采扰动等环境提供可能。

2) 多样性

模型试验台的多样性体现在多水害模拟、多方式控制加载和多数据收集方式。通过在开采范围内设置单一断层和断层群模拟断裂构造水害和底板灰岩水害，使用封闭水囊膜及导水管模拟顶板裂隙水害、老空水害、封闭不良钻孔水害和地面水害；针对模型底板模块部分通过油缸进行单独加载，不但可以有效固定底板模块，也可通过横向加载，单独模拟高地应力的底板破坏情况，以便于模拟不同的应力场，如浅埋煤层开挖工程、海底隧道工程和深部勘探等；模型试验台水箱上部出水孔处均匀安置 96 个光纤传感器，传感器成网状布置，能全方位、高精度监测底板岩层应力变化和对应点水流量变化，也可在覆岩中安置传感器，观测覆岩运动规律。

3）全过程

采用 DH3816N 静态应变测试分析系统，因此可获得采动底板各监测点水压变化全过程曲线。采样间隔可设置范围为 1 次/1s～1 次/20min。既能及时捕获瞬间的突变应力、应变，又能长时间实现对试验的全过程检测。同时计算机采集软件能实时数据进行保存、整理和分析，将试验过程出现的各项数据变化加以整理。由于实验台两侧有透明刚性玻璃板构成，实验过程中采场突水规律、底板裂隙形成与演化、断层导水等现象可直接观测其时空演化过程。

8.2.2 相似比的确定

本试验以济北矿区实际地质条件为研究背景，该矿初次来压步距为 17m，周期来压步距为 10m。根据相似模拟试验的要求，模拟采场尺寸应大于初次来压、三次周期来压的宽度和边界煤柱的宽度之和。采动底板突水相似试验系统相似三维试验台尺寸能够满足相似材料模拟试验的尺寸要求，依据试验台的尺寸，确定模拟试验的主要相似比。

1. 几何相似比

几何相似是指模型与原型相对应的空间尺寸成一定的比例：

$$C_1 = \frac{x'}{x''} = \frac{y'}{y''} = \frac{z'}{z''} = 100 \tag{8.3}$$

式中，C_1 为几何相似比；x'、y'、z' 为原型沿 x、y、z 方向上的几何尺寸，cm；x''、y''、z'' 为模型沿 x、y、z 方向上的几何尺寸，cm。

2. 时间相似比

试验模拟工作面在开采过程中的底板应力、位移及裂隙演化情况，随着工作面的推进，底板采动范围不断扩大，因此底板应力、位移及裂隙处于动态的变化过程中，需要满足时间的相似要求。

$$C_t = \sqrt{C_l} = 10 \tag{8.4}$$

式中，C_t 为时间相似比。

3. 容重相似比

$$C_\gamma = \frac{\gamma'}{\gamma''} = 1.5 \tag{8.5}$$

式中，C_γ 为容重相似比；γ' 为原型容重，g/m^3；γ'' 为模型容重，g/m^3。

4. 应力和强度相似比

根据相似原理的基本公式，弹性模量、应力和强度的相似比为

$$C_p = C_\gamma C_l = 100 \times 1.5 = 150 \tag{8.6}$$

式中，C_p 为弹性模量、应力和强度的相似比。

5. 渗透系数相似比

$$C_k = \frac{\sqrt{C_l}}{C_\gamma} = 0.1 \tag{8.7}$$

式中，C_k 为渗透系数相似比。

8.3　模型的设计与铺设

8.3.1　模型设计

现场工作面突水大多是由大断层或隐伏断层群等地质构造引起的。因此，试验模拟含断层底板裂隙的扩展演化及断层活化形成过程。根据济北矿区的实际资料，模拟的现场煤层采深为 850m，采厚为 2m，底板厚度为 22m，含水层水压为 3.28MPa，工作面有一条倾角为 70°，落差为 5m 的断层。为方便研究隐含隐伏断层对工作面的影响，现于模型中部底板下方添加落差 2m 的隐藏断层。现场断层的上、下盘岩层间一般有明显的擦痕和滑移面，有较明显的破碎带，断层为充填断层。因此，试验采用断层相似模拟材料代替断层，按几何相似比对断层形态进行铺设，模型设计如图 8.11 所示。模型上部和水平方向施加均布载荷模拟实际围岩的受力状态。模型前后采用有机玻璃进行位移约束，既能清晰的观察到试验过

程中底板岩层的破坏和承压水沿裂隙的渗流情况，又能实现深部真实岩层的三维受力状态。

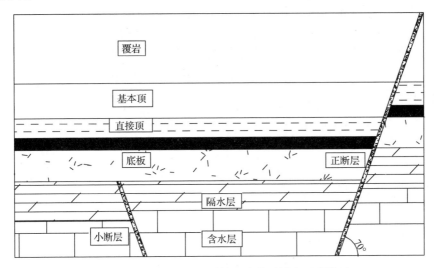

图 8.11　含断层底板裂隙扩展演化及导水通道模型

1. 附加载荷设计

根据原型实际矿井开采情况，考虑两侧边界煤柱的宽度，同时结合力学分析底板破坏推进最小距离为：$60 \times \sqrt{1.2} = 65.7\,(\mathrm{m})$，则设计模型工作面推进长度，65m 作为停采线；另外考虑边界煤柱的影响，设计试验模型尺寸为 900mm × 800mm × 500mm（长×高×深），结合矿井实际及理论分析，设计采深 850m，底板岩层厚度 60m，正常模拟水压 3.28MPa。由于模型铺设的模型高度为 0.86m，去掉底板厚度和煤层厚度，相当于模拟了 856m 高的覆岩层。

则模型在垂直方向上应加载载荷为

$$\sigma_h = \sigma_z / 100 = 0.196\mathrm{MPa} \tag{8.8}$$

式中，σ_h 为垂直方向加载载荷；σ_z 为水平方向加载载荷。

煤层底板中粉砂岩等组成的岩体在−850m 深处已经由弹性状态转为潜塑性或塑性状态，侧压力系数 λ 近似等于 1。所以，模型施加的水平载荷为 $\sigma_v = \sigma_h = 0.196\,(\mathrm{MPa})$。

此外，根据模拟承压水水压计算出模拟施加水压为 0.03MPa。通过模拟试验台中的伺服加载系统施加模型荷载实现应力补偿，通过试验台高水压加载系统自动供给相应水压大小。

2. 模型铺设设计

结合济宁矿区地质水文条件及试验相关要求，设计模型自上而下覆岩层为 50m、煤层厚度为 2m，底板为 33.8m。底板岩层采用本文研制的新型流固耦合相似模拟材料，顶板岩层不涉及流固耦合问题，为配合试验效果，采用砂、水泥、石膏、水配比而成相应模拟材料，各分层间铺撒云母粉分隔，具体参数见表 8.3，对应材料位置如图 8.12 所示。

表 8.3　试验岩层材料配比及主要物理力学性能参数

岩层名称		模型厚度/cm	累计厚度/cm	模拟材料配比	抗压强度/MPa	
					实际强度	模拟强度
顶板	粉砂岩	13.55	73.26	9：7：3	42.9	0.286
	灰　岩	3.58	59.71	8：6：4	91.6	0.610
	泥　岩	5.65	56.13	8：7：3	62.7	0.418
	灰　岩	1.63	50.48	8：6：4	91.6	0.610
	砾　岩	15.00	48.85	8：7：3	25.2	0.168
	粉砂岩	4.94	33.85	8：7：3	25.2	0.168
	泥　岩	2.20	28.91	8：7：3	62.7	0.418
	灰　岩	2.70	26.71	8：6：4	91.6	0.610
煤层	16　煤	2.01	24.01	8：6：4	12.8	0.085
底板	粉砂岩	1.37	22.00	15：1.2：0.9	42.9	0.286
	泥　岩	2.12	20.63	15：1.6：0.8	62.7	0.418
	粉砂岩	3.56	18.51	15：1.2：0.9	42.9	0.286
	泥　岩	3.26	14.95	15：1.6：0.8	62.7	0.418
	粉砂岩	2.14	11.69	15：1.2：0.9	42.9	0.286
	灰　岩	3.20	9.55	15：1：1	91.6	0.610
煤层	17　煤	3.80	6.35	15：1.6：0.8	12.8	0.085
断层	充填物	2.00	2.00	8：6：1：2		

3. 应力传感器的布设

距煤层底界面往下 3.4cm 处，即底板岩层泥岩下方布置 4 个应力传感器，两者之间相距 15cm；断层两端各布置 2 个传感器，共 8 个应力传感器，传感器距断层边界 2cm。传感器布置方式如图 8.13 所示。

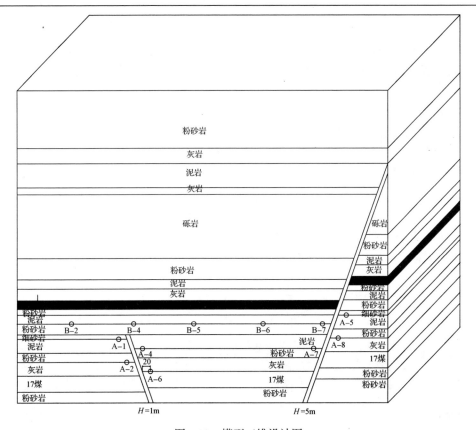

图 8.12 模型三维设计图

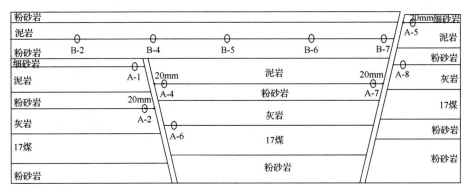

图 8.13 底板应力传感器布设图

8.3.2 模型的制作

1. 铺设前期

模型铺设前需要调试底板突水相似模拟试验系统，使其达到最佳的工作状态，然后将密封橡胶垫圈放置于底面 5mm 的凹槽内，防止水流沿缝隙和界面溢出，涂抹黄油于模型左右两侧，减小顶底板岩层运动时受到的边界摩擦，对试验台与有机玻璃的接触部位涂抹封胶进行密封处理，通过人工夯实填筑的方法铺设相似模型。

2. 铺设模型

(1)按照相应模拟材料配比要求，进行选材、加工试件、测试性能要求。

(2)根据试验要求，大比例配置相似模拟材料。

(3)对试验台部分部位封打密封胶，为减少摩擦，并在前后有机玻璃板等处涂抹润滑油。

(4)根据试验需要，在模型底板岩层布设应力传感器。

(5)按照各分层尺寸自下而上进行铺设材料(由于大断层上方铺设难度大，铺设过程中省略断层上方三角部位的铺设)。

(6)对各岩层间铺撒云母粉，并夯实各层相似模拟材料。

(7)相似模拟材料铺设完毕后，施加外部载荷，对模型进行压实，提高密实度。

(8)将模型放置 3～5 天，进行室温养护。模型铺设过程如图 8.14 所示。

材料称量　　　　　　　　材料加工　　　　　　　　模型铺设

断层铺设　　　　　　　　传感器布置　　　　　　　　成型

图 8.14　模型铺设过程

3. 铺设后期

模型铺设完成后，施加外部垂直和水平载荷，室温养护 1 周后加载预置水压，开始煤层的开挖。开挖前在底板岩层前后安装有机玻璃并涂抹密封胶，防止施加水压时水沿岩层与模型的界面流出。

8.4　试验结果与分析

为便于和前面模型设计的尺寸对应，本节对试验结果进行分析时，所涉及的尺寸均为模型尺寸，模型主要研究煤层开采过程中底板及断层附近应力场变化规律，分析断层裂隙扩展演化的形态特征，突水通道形成及演化特征。

8.4.1　模型岩体初始应力状态

模型养护 1 周后，施加外部垂直载荷、水平载荷和水压后，即可开始煤层的开采工作。载荷和水压到达预置数据后，保持稳定，加载情况，如图 8.15 所示。试验留设开切眼边界煤柱为 5cm，以减少边界摩擦对煤层开采及顶底板岩层运动的影响。每次采煤 5cm，间隔时间为 4h，采高为 2cm，模拟回采共计 13 次，总长度为 65cm，断层附近留设 10cm 的煤柱，开采方式采用人工钻凿的形式。

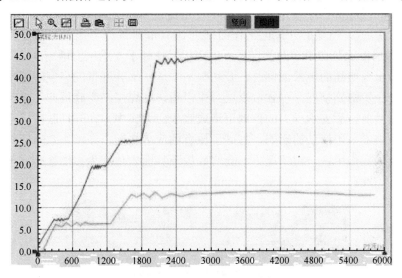

图 8.15　载荷、水压加载图

在加载水压后，水压显示出现部分波动而后逐渐趋于平稳的现象，这表明断层和底板岩层内部存在一些裂隙或弱面，造成承压水进入其中产生波动。开采开始前，可观察模型底部有承压水导升痕迹，在断层附近承压水导升高度大约为6cm，远离断层时承压水导升高度约 3cm，这与"下三带"理论相符，其突出分析了底板裂隙的发育特征和形成机理，其中底板导水破坏带和承压水导升带的内部裂隙均具有明显的导水作用，图 8.16 为本实验实测的承压水导升带示意图。此时模型中的岩体没有受到开采活动的影响，我们认为处于原岩应力平衡状态。

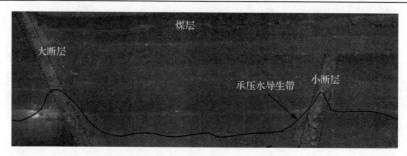

图 8.16　承压水导升带分布示意图

8.4.2　断层裂隙发育阶段

1. 初次来压底板应力分布规律

煤层开切眼时直接顶随采随落，此时底板断层和水压的分布状态并没有明显变化，断层底部由于受承压水的影响，产生部分微裂隙且有向上发展的趋势，如图 8.17 所示。当煤层开采至工作面推进到 10m 时，应力传感器 B-2 监测数据如图 8.18 所示。开切眼后两侧煤层下方底板岩体处于支承压力增高区，监测数据显示应力出现增高的现象。同时，开切眼下方承压水导升带的高度缓慢增加，断层裂隙进一步得到扩展。可知，煤层开采以后，在煤层产生底板应力重新分布，在两边煤壁前、后支承压力的作用下造成底板应力集中，在开切眼附近形成压力升高区。由于采矿活动的影响，打破了原有的应力平衡，高承压水对底板岩体也产生相应顶托作用，一定情况下，会对底板下界面岩体产生损伤，有利于原有裂隙的扩展、发育。

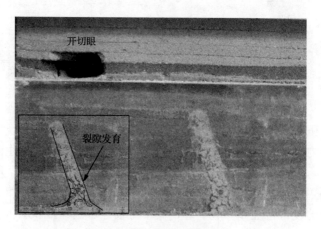

图 8.17　煤层开切眼

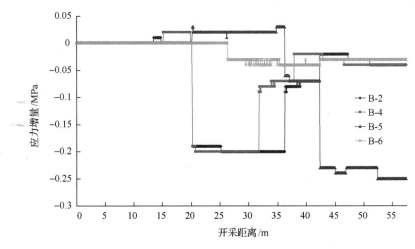

图 8.18　底板应力变化实测曲线

当工作面由 15m 推进至 25m 时，底板应力、断层水位线及裂隙发育情况出现急剧变化，相对具有一定规律，如图 8.18 中 B-2 测点及 B-4 测点所示。由 B-2 测点显示，开切眼处底板应力继续增大，当在工作面推过后，应力开始由急剧变小呈现卸载状态，同时，B-4 测点当工作面推进时，应力开始增大。监测表明，底板应力升高区随着工作面向前推进，也不断前移；同时在采空区底板应力开始减小，出现卸压状态。工作面推进至 20m 左右时，采场顶板出现裂隙顶板初次来压，此时底板断层并未受到初次来压的影响，如图 8.19 所示。

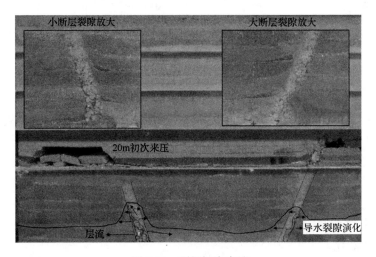

图 8.19　顶板初次来压

2. 断层裂隙发育及围岩应力分布规律

1) 隐伏断层

应力传感器 A-1、A-2 位于隐伏断层下盘位置，且 A-2 靠近承压水层，A-1 靠近采空区；A-4、A-6 位于断层上盘位置，A-4 靠近开采煤层，A-6 靠近底板承压水含水带。工作面由 15m 推进至 25m 时，由监测数据可以看出（图 8.20），断层下盘应力监测数据（A-1、A-2）与上盘数据（A-4、A-6）有着不同的趋势，开采 15m 前 A-1 与 A-2 均发生卸载，应力降低，两者变化趋势相同；A-4 与 A-6 有相同的变化趋势，随着开采距离的增加应力逐步降低且具有一定的规律。监测数据表明：煤层的开采对在隔水层内部的应力传感器不产生影响，承压水成为传感器卸载的主要影响因素；断层上下盘围岩应力变化趋势不一致，承压水对下盘的影响范围大于对上盘的影响。

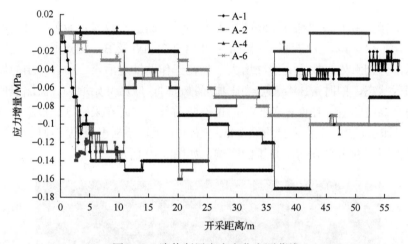

图 8.20　隐伏断层应力变化实测曲线

底板岩层受到较大开采扰动的影响，隐伏断层内部随开采距离的增加，内部原有的细小物质被水冲刷致使裂隙变大并发生贯通，如图 8.21 所示，透过有机玻璃板可以清楚地看出开挖 20m 后断层围岩裂隙被染成绿色且范围相比开采前增大；隔水层岩体之间受到水张力而破坏，出现横向张裂隙，产生局部的层流现象，该现象是导致下盘传感器发生加大的卸载的原因；断层附近岩体因应力集中产生微小的剪切裂隙，内部出现竖向剪裂隙，导致断层强度不断降低，极容易发生活化。

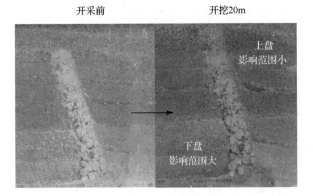

图 8.21　隐伏断层裂隙演变趋势

2) 大断层

由图 8.16 与图 8.19 对比可知，煤层的开采后产生采动应力场对较远处的大断层并未造成较大的影响，断层受到承压水的影响较小，仅表现为局部冲刷，相比隐伏断层裂隙扩展范围较小。图 8.22 为大断层下盘 A-7 与 B-7 的应力传感器应力变化实测曲线(上盘两处传感器在试验过程中造成破坏，未进行标出)，开采 25m 前两传感器均未发生明显变化，说明此处未收到开采扰动及承压水的影响。

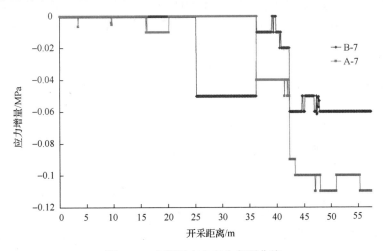

图 8.22　大断层应力变化实测曲线

8.4.3　突水通道萌生阶段

1. 底板应力分布规律

当工作面推进至 25m 时，采场出现周期来压，顶板再次垮落，如图 8.23 所示。开采 20m 至 35m 范围顶板破坏高度逐渐增加(图 8.23 中虚线所示)，开采扰动波及范围相应增加，这与浅部开采存在较为明显的区别；底板层之间的间距相对增大，承压水的导升带高度与隐伏断层最高处水平，此时断层内部存在较大的突水通道。

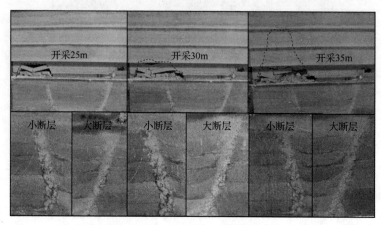

图 8.23　开采 25～35m 变化趋势图

此次底板应力曲线波动相对不大，分析 B-4 测点、B-5 测点应力变化规律并与 B-2 测点应力最大值进行比较，可推知前期工作面推进底板破坏深度已达到最大，将不再向下发展，但底板水平方向在破坏带出现裂隙的沟通与扩展。应力传感器 B-2 监测数据如图 8.18 所示。开挖至 35m 处监测数据显示应力出现增高的现象，这说明采空区顶板岩层与底板已经压实，传感器经历加载-卸载之后再次加载，同时 B-5 处于支撑压力区出现一定应力增加趋势。

2. 断层裂隙发育及围岩应力分布规律

开采到 30m 处时，在隐伏断层正上方底板存在明显的裂隙贯通区，存在较为明显的横竖向裂隙，同时底板的绿色承压水逐渐显现于顶板直接顶中，绿色显现的位置位于隐伏断层的正上方。随着开采的继续，直接顶出现溃落涌出的现象，如图 8.24 所示，说明由于顶板材料为亲水材料在水中无法保证其强度，底板承压水通过渗流形式透过底板进入采空区。由监测数据可以看出（图 8.20），断层下盘应力监测数据（A-1、A-2）与上盘数据（A-4、A-6）四点数据存在相反的变化趋势；A-2 应力增加幅度大于 A-1，A-4 与 A-6 应力均减小。监测数据表明：受开采扰动及承压水共同作用影响，靠近承压水含水层岩层层流不再发生加大的变化，但由于流向采空区的水增加，作用于断层围岩的水压力减小。此时，由于承压水导升高度及对底板破坏程度的进一步加大，底板采动裂隙即将与承压水导升破坏裂隙沟通，形成突水通道。

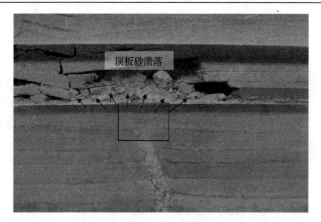

图 8.24　顶板砂溃落

大断层处未出现较明显的变化，A-7 应力传感器显示可知，在开采 35m 时该处应力得到释放，说明承压水的影响范围已经升高至 A-7 监测点处。大断层区域该区域微小裂隙较多，主要以剪切裂隙为主，夹杂部分细微小裂隙，但未产生较明显的导水通道。裂隙的产生是由工作面前方底板的压缩与采空区底板的卸压形成的剪切作用造成的。采空区附近的剪切裂隙逐渐向下向右扩展，与采空区和断层间形成的微小裂隙贯通形成突水通道。因此，工作面前方与断层之间的岩体是底板突水形成的主要区域，煤层开采过程中要时刻观测该区域的应力及位移变化，以应力和位移的突然大范围变化作为预测导水通道形成的判别标准，以保证煤层开采的安全进行。

8.4.4　突水通道演化阶段

1. 突水通道的形成

当工作面推进至 40m 时，在工作面后方 20m 左右采空区中部，即隐伏断层正上方，首先出现较小的突水点，并不断涌水，隐伏断层上方底板岩层强度降低部分砂随水流出，如图 8.25（a）所示，本书将此突水现象称之为"最小阻力突水原则"，即采空区突水点的位置与断层上端部最高点位置距离最近原则，本研究证明突水点位置发生在隐伏断层正上方，也可以成为"最小路径原则"。

工作面继续向前推进，压力传感器 B-5 监测显示，中间区域测点持续处于减压状态，其余远离断层处水压急剧出现减压，水量进一步增大，突水点处的涌水量增大，承压水夹杂相似模拟材料不断冲刷出模型，如图 8.23（b）、（c）所示。随着突水通道的不断扩大、演化，突水点的不断增加，采场突水量进一步加大，并将垮落岩石冲出，最终演化成突水灾害，如图 8.23（d）所示。当工作面推进至 40m，如图 8.18、图 8.20 及图 8.22 监测数据可知，突水通道形成瞬间 12 个监测点应力发生急剧变化。受水的影响采空区内部岩石丧失其强度，使得顶板岩石密实度增加，B-2 与 B-4 应力增量趋近于 0，此处处于原岩应力区。

(a) 突水点形成

(b) 突水点位置

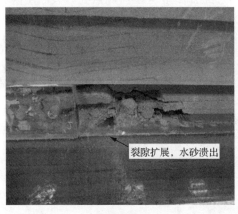
(c) 裂隙扩展

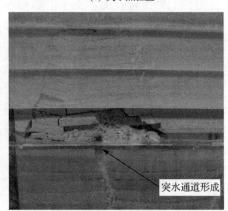
(d) 突水通道形成

图 8.25　突水通道形成过程

2. 断层应力变化规律

应力传感器 A-1、A-2 位于隐伏断层下盘位置，A-4、A-6 位移断层上盘位置，推进至 40m 处时，由监测数据可以看出（图 8.20），断层下盘应力监测数据（A-1、A-2）与上盘数据（A-4、A-6）有着不同的趋势 A-1 与 A-2 应力相对增加，两者变化趋势相同； A-4 与 A-6 有卸载的变化趋势。监测数据表明：突水发生之前断层岩石对下盘岩石的影响大于上盘岩层，即上盘岩层受力变化具有相对下盘的滞后性；受采空区突水的影响，水压力得到释放，下盘的层流现象降低甚至消失，上盘则出现相反的现象，如图 8.26 所示。

图 8.26　突水通道形成过程

　　大断层上、下盘附近的岩体在强应力差作用下已经处于破损状态，形成了一定区域的破碎带。断层上盘在剪应力差作用下产生了一条与断层方向平行的剪切裂隙，并以竖向裂隙为主起裂衍生出许多隐伏裂隙。随着时间的推移，断层附近裂隙与周边的细微小裂隙相互贯通，但未发生突水或渗流现象，如图 8.27 所示。

图 8.27　大断层处裂隙演化

3. 层流分析

　　当工作面继续推进至 65m 处时，大断层受保护煤柱的影响未发生突水，隐伏断层处突水速度和涌出量保持不变，如图 8.28 所示。开采完成后逐层剥离底板，靠近承压水的岩层之间染色最深，依次向上颜色逐渐降低且高强度岩层之间染色最浅，如图 8.29 所示。这表明随着断层活化的影响，承压水竖向流动的同时具有层向流动的趋势，如图 8.30 所示，因此可以确定断层附近承压水导升带的横向范围与层流的大小有关，层流的大小与上下岩层的力学性质以及承压水水压息息相关。

图 8.28　开采结束

图 8.29　层流的影响

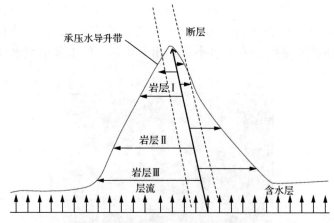

图 8.30　层流与承压水导升带的关系

第9章　深部高水压底板含隐伏构造破坏特征分析

我国矿井渐由浅部开采转入深部开采，而深井底板受到高水压地下水的危害显得尤为严重。高压地下水可视为三维非稳定流，分析可知将对底板产生宏观和微观两个方面的破坏作用。一方面，高压水会在底板不同位置产生冲击破坏情况；另一方面，高压水将对底板裂隙扩展、发展产生一定的力学作用。针对深部开采底板含有隐伏构造的情况，属于多场耦合作用下的底板破坏问题，地质构造将引发高水压的有效导升，高压水源的不同水压变化使得底板产生不同的破坏特征。

9.1　高水压对裂隙的影响作用分析

随着矿井开采深度的增加，工作面底板承受的水压力越来越大，隔水层底部受高压水侵入的范围和高度也就越来越大，使得矿井发生水害的危险性不断增大，所以有必要研究高压水的作用力对隔水岩层变形破坏的影响。当隔水岩层的结构与岩性一定后，突水的危险性则主要取决于隔水岩层底部高压水的作用力大小和作用力分布方式。

9.1.1　地下水对底板的高压冲击破坏

针对地下水对采场底板的作用研究中，基本都采用特征条件下地下水流的简化模型，认为地下水是稳定流。在理论分析中，往往应用单裂隙稳定流的立方定律研究岩石与水的相互力学作用影响。但是，采场隔水层下的高压水实际运动属于非稳定流，并且其赋存于地下岩石中是在不停地运动着的。从宏观角度讲，将把地下水作为非稳定流来研究，尤其是针对高水压的情况，更能真实反映出地下水对采场底板的作用影响。

虽然采场含水层中的地下水赋存于岩石的孔隙中，甚至在多孔介质中固、液、气三相都可能存在，但是岩石孔隙介质中的水不是孤立的，是相互沟通联系的。正是这种连通性，使得含水层中的水组成一个统一的含水体。如图 9.1 所示，那么底板 S 面上的向上受力为

$$\sigma_y = P_b S \tag{9.1}$$

式中，P_b 为此面受到的水压；S 为此面面积。

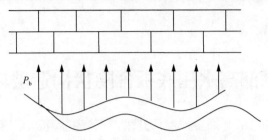

图 9.1　地下水作用示意图

据此面高差为 Δh 的面受到的向上应力为

$$\sigma_y = (P_t + \Delta P)S = (P_t + \rho g \Delta h)S \tag{9.2}$$

式中，P_t 为起始压力；ΔP 为压差；ρ 为地下水的密度；Δh 为两面高差。

由式 (9.2) 可以看出，底板不同地点的受力是不同的，那么必然造成底板一定程度的错动破坏，产生大量的节理、弱面。

另外，考虑地下水是非稳定流，那么同一面上的水压也是不同的，同一点上不同时间的水压也是变化的。表现形式可以理解为波浪式的作用。

采场底板可简化视为梁结构，分析其受力情况如图 9.2 所示。从图中可看出，采场底板在不同位置受到不同的水压，且水压也是不断变化的，但上覆岩石对其的作用力是较为稳定的。由此可分析，在一定时期内，梁的两端受力大于梁中部，使得梁向下弯曲；必然存在另一定时期内，梁的两端受力小于梁中部，造成梁向上弯曲。这种底板受力的不均衡性，势必造成对底板岩石的压剪破坏，不断产生新的裂隙。诸如这种形式的地下水的波动破坏，采深越大，水压越高，影响破坏就越明显。在某种程度上也说明了采场底板越向下靠近高压水的岩体，裂隙、弱面越多，裂隙的连通性越强，导水性也就越强。

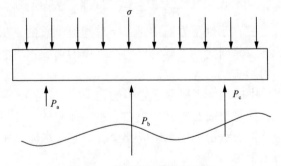

图 9.2　底板受力情况示意图

地下水的流动性大多数是三维流动的，也就是说在空间三个坐标轴的流速分量均不为零，流速与水压大小成正比。流速分量也会对采场底板形成不同位置的冲量，冲量的大小不同也就造成采场底板形成不同的裂隙发展。高压水的这种无序化、瞬时性、非稳定的冲量，必然增大采场底板裂隙的进一步突变发展的可能性。

高压水的非稳定性，使得底板岩石有时处于拉伸状态，有时处于压剪状态，很大程度上降低了岩石的强度，改变了岩石的力学性质，变形加大，而且这种高压冲击破坏在煤矿采动的影响下，表现性质将更为强烈。

9.1.2　地下水对底板的高压扩隙

岩石中往往存在大量的裂隙、节理，有的裂隙是与地下水贯通的。采场底板受到含水层中高压水的力学作用，如图 9.3 所示，裂隙介质中岩石同样受到水压的作用。岩石裂隙的开口一般呈三角形，高压水对裂隙面的压力分布也是不均性的。

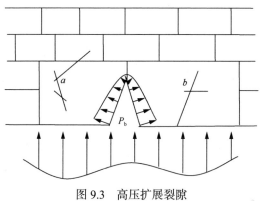

图 9.3　高压扩展裂隙

a、b. 裂隙

我们研究水压对岩石裂隙的力学作用，可以把水压在裂隙中的分布不均压力简化为单一水压产生的有效应力，进而分析此应力与岩石的主应力、剪应力的关系，可建立如图 9.4 岩石裂隙受水压作用的力学模型。其中，AB 段为已开裂的裂隙，BC 段为未开裂的岩石部分。

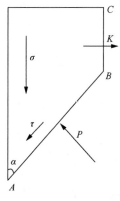

图 9.4　高压扩展裂隙

那么，岩石裂隙壁面受到的有效应力为

$$
\begin{cases}
垂直方向： \sigma_y = \sigma - P\sin\alpha \\
水平方向： \sigma_x = \tau\sin\alpha + P\cos\alpha - K
\end{cases}
\tag{9.3}
$$

式中，σ_y 为裂隙面上的有效垂直应力；σ_x 为裂隙面上的有效水平应力；σ 为岩石的正应力；τ 为岩石的剪应力；P 为水压对裂隙面的有效作用力；K 为岩石间的联结应力；α 为裂隙面与垂直方向的夹角。

由式(9.3)可以得出(由于裂隙的两壁面垂直方向受应力相同，故此向不考虑岩石间的联结应力)，如果 $\sigma < P\sin\alpha$，则 σ_y 为向上的应力，岩石的裂隙将沿 B 点继续向上延展，并容易在岩石内部造成新的节理出现。尤其是采动过程中，裂隙上方形成采空区，上覆岩层的向下应力减小，σ 逐渐变小，σ_y 增大，必然造成裂隙向上延展度增大。这也就解释了在采动影响下，导水裂隙带会进一步向上发育的现象。同理可知，如果水压足够大，能够克服岩石间的联结应力，即 $\sigma_x > 0$，则岩石裂隙面受到水平向左拉力，进而造成裂隙径口进一步扩大，这就是地下水的高压扩径作用；进而可知，如果 AB 段岩石裂隙面有弱面，那么将沿弱面产生新的裂隙。此外，当与水体接触的岩石面初产生裂隙时，α 角比较小，甚至近于 0，那么由式(9.3)分析知，地下水的高压作用将主要体现在对裂隙面的水平拉应力上，所以，理论上裂隙产生后一般要先扩径后扩展。

9.2　高水压对底板破坏灾变仿真模拟分析

9.2.1　模拟分析软件

在岩石力学的发展中现代科学技术的渗透起到了重要作用，随着计算机科学技术的日益进步，20 世纪 80 年代以来数值分析方法发展很快，成为矿山岩石力学模拟分析的主要手段。对那些精确性还不够、数学模型还未定型的问题，利用数值计算可进行多个方案的模拟计算和对比，其周期短、费用低。当模型极其复杂不能用解析求解时，数值计算分析就成为解决问题的唯一途径。科学计算有助于人们对研究问题的更深入了解，可以认为科学计算突破了实验和理论的科学局限，进一步提高了人们对自然科学的洞察力。常用的数值计算软件主要有有限元法、边界元法和有限差分法等几种，这些科学计算方法在解决某些工程问题方面发挥了重大作用。

COMSOL Multiphysics 是一款大型的高级数值仿真软件。广泛应用于各个领域的科学研究以及工程计算，模拟科学和工程领域的各种物理过程。软件含有大量预定义的物理应用模式，范围涵盖从流体流动、热传导、到结构力学、电磁分析等多种物理场，用户可以快速地建立模型。COMSOL Multiphysics 中定义模型非常灵活，材料属性、源项、边界条件等可以是常数、任意变量的函数、逻辑表达式、或者直接是一个代表实测数据的插值函数等。

COMSOL Multiphysics 预定义的多物理场应用模式，能够解决许多常见的物理问题。同时，用户也可以自主选择需要的物理场并定义它们之间的相互关系。当然，用户也可以输入自己的偏微分方程（PDES），并指定它与其他方程或物理之间的关系。该软件力图满足用户仿真模拟的所有需求，成为用户的首选仿真工具。它具有用途广泛、灵活、易用的特性，比其他有限元分析软件强大之处在于，利用附加的功能模块，软件功能可以很容易进行扩展。

COMSOL Multiphysics 拥有非常强大的计算功能，可以解决有关岩土力学领域的诸多复杂问题。为了方便模拟，FLAC^{3D} 提供了多种本构模型，其中包括 AC/DC 模块（AC/DC Module）、传热模块（Heat Transfer Module）、CFD 模块（CFD Module）、化学反应工程模块（Chemical Reaction Engineering Module）、RF 模块（RF Module）、结构力学模块（Structural Mechanics Module）、微流模块（Microfluidics Module）、电池与燃料电池模块（Batteries & Fuel Cells Module）、MEMS 模块（MEMS Module）、岩土力学模块（Geomechanics Module）、多孔介质流模块（Subsurface Flow Module）、电镀模块（Electrodeposition Module）、等离子体模块（Plasma Module）、声学模块（Acoustics Module）、管道流模块（Pipe Flow Module）、化学腐蚀模块（Corrosion Module）和非线性力学模块（Nonlinear Structural Materials Module）等塑性模型。

9.2.2　数学模拟模型及方案

1. 数值模型建立

本书采用数值模拟软件研究深部承压水上开采随工作面推进过程中底板破坏的危险性，通过底板隔水层性质和高承压水水压大小变化，分析底板逐渐破坏直至突水通道形成的过程，结合应力场与渗流场分析形成与演化过程的特征规律。

结合济北矿区某千米矿井工作面现场实际开采条件，在充分考虑采场地质赋存条件，基于大量带压开采煤层的基本工程地质条件与参数，我们建立了承压水体上采煤的基本数值计算模型，如图 9.5 所示。模型尺寸为 160m×55m，划分为 160×55=8800 个单元。为了便于分析，假设模型自上而下被合并均匀化为 4 个岩层，即顶板覆岩层、煤层、底板隔水层和底板含水层。

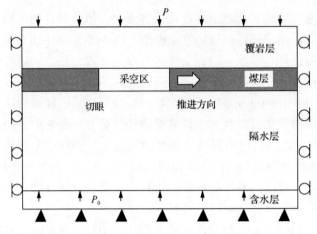

图 9.5　高承压水体上采煤的数值计算模型

1) 坐标系及计算范围

研究在计算模型中，坐标系如下规定垂直煤层回采方向为 x 轴，平行煤层回采方向为 y 轴，正方向向上。模型覆岩厚度为 5m，煤层高度为 5m，隔水层厚度 40m，开切眼距模型边界 20m，开挖步距 20m。为清晰的对比观测深部的底板裂隙扩展突水的规律，本文涉及两种开采深度，分别为 500m 和 1300m。按照原型矿井煤系地层上覆岩层的平均容重为 25kN/m³ 进行计算，则需要模型上部施加的覆岩载荷为

$$P = \gamma H = 25 \times 490 = 12.25 (\mathrm{MPa}) \tag{9.4}$$

$$P' = \gamma H = 25 \times 1290 = 32.25 (\mathrm{MPa}) \tag{9.5}$$

式中，γ 为上覆岩层的平均容量；H 为上覆岩层的高度。

2) 边界条件

通过 COMSOL Multiphysics 的交互建模环境，模型集成化图形环境可以确保模型边界有效的数据转化，其中对称边界的设置不仅增加运算的效率更增加了运算的准确性。因此其边界条件为在模型 x 方向侧面加法方向滚轴约束。模型的顶部施加边界载荷，底部施加固定约束。

3) 模型建立及网格划分

根据现场地质岩层分布情况，模型采用按比例 1∶1 建立，模型共有多种不同的岩层构成，划分网格时尽可能在煤层开采范围内使网格尺寸足够小，并且形状规则，不出现畸形单元。网格划分如图 9.6 所示。

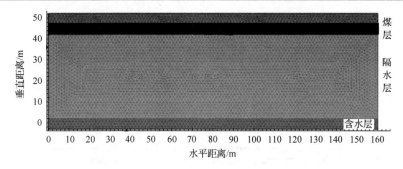

图 9.6　数值计算模型网格图

本模拟中煤层和各岩层的岩石力学参数如表 9.1 所示。

表 9.1　数值模拟各岩层参数

岩层名称	岩层厚度/m	抗拉强度/MPa	弹性模量/10^3MPa	泊松比	黏聚力/MPa	摩擦角/(°)	渗透率/m^2	容重/(10^3kg/m³)
覆岩层	5	3.0	23	0.25	5.0	20	1.3×10^{-7}	1.8
煤层	5	1.5	5	0.25	2.1	15	4.2×10^{-6}	1.3
隔水层 1	40	5.4	45	0.18	5.8	46	1.3×10^{-7}	2.25
隔水层 2	40	3.2	30	0.3	4.3	39	9.7×10^{-5}	2.25
含水层	5	4.1	15	0.28	3.5	41		2.1

2. 模拟方案的确定

模拟研究内容主要分析应力场与渗流场耦合情况下,底板破坏深度与高水压导升带能否沟通及沟通后的演化特征问题,得出高压底板破坏、突水通道形成与演化过程中的相关特征规律;模型煤层每次开采 20m,一直推进 120m,模拟整个开采过程中底板隔水层破坏分布及发展变化特征、规律。据此制定具体计算方案如表 9.2 所示。

表 9.2　模拟方案设计

方案	采深/m	承压水压/MPa	隔水层	备注
方案一	500	3	1	完整底板
方案二	1300	6	1	完整底板
方案三	500	3	2	完整底板
方案四	1300	6	2	完整底板
方案五	1300	6	1	底板隐伏构造

注. 隐伏构造倾角 70°,高度 30m。

9.2.3　模拟结果分析

开采煤层底板的破坏情况是应力场与渗流场耦合条件下共同作用的表现,当底板破坏塑性区贯穿整个隔水层时,底板断裂破坏、丧失阻水能力,则此时即可认为底板突水通道形成。由突水通道的形成过程,可将不同条件下的模拟结果进行比较分析，得出底板突水与水压、隔水层性质等因素的对应关系。

1. 方案一

当煤层埋深为 500m、底板下部水压为 3MPa、隔水层岩层抗拉强度大时，在工作面不断推进的过程中，底板隔水层的应力水压分布及隔水层的破坏程度情况不断变化，如图 9.7～图 9.11 所示。

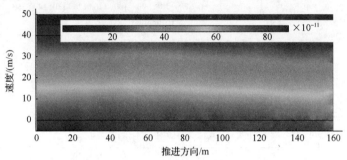

图 9.7　方案一：渗流速度场的分布云图

图 9.7 给出了煤层底板开挖前形成的渗流速度场的分布云图，由于底板没有受到隐伏构造的影响，模型承压水含水层水压随着深度的增加而增加，渗流速度存在相同的变化趋势。

1) 应力场变化趋势图

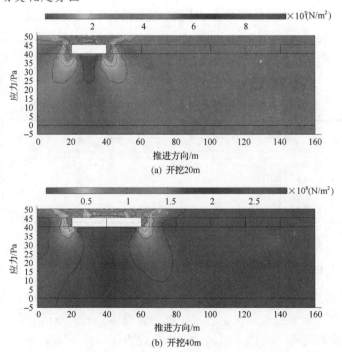

(a) 开挖20m

(b) 开挖40m

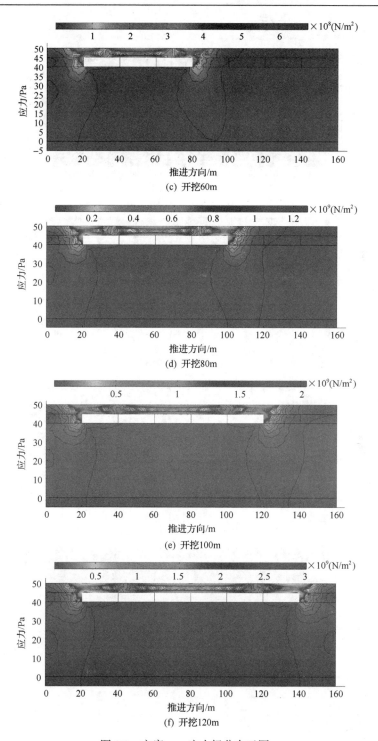

(c) 开挖60m

(d) 开挖80m

(e) 开挖100m

(f) 开挖120m

图 9.8　方案一：应力场分布云图

2) 位移场变化趋势图(图 9.9)

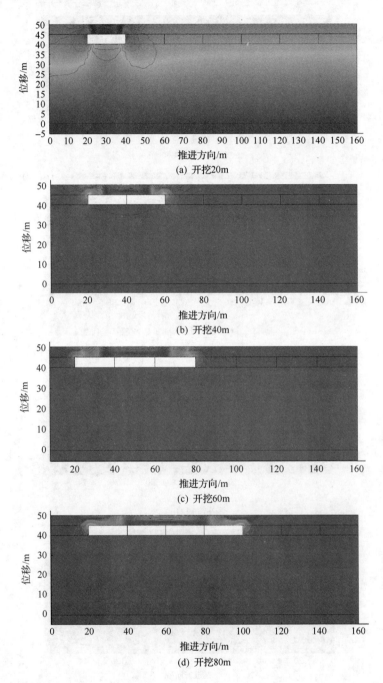

(a) 开挖20m

(b) 开挖40m

(c) 开挖60m

(d) 开挖80m

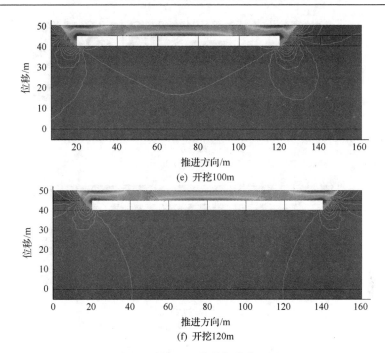

(e) 开挖100m

(f) 开挖120m

图 9.9　方案一：位移场分布云图

3) 底板破坏深度变化趋势（图 9.10）

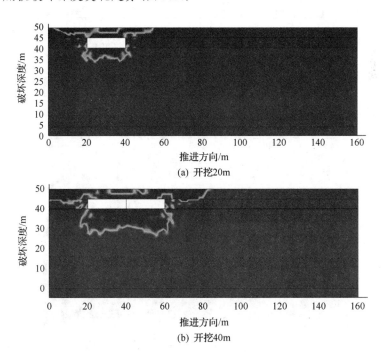

(a) 开挖20m

(b) 开挖40m

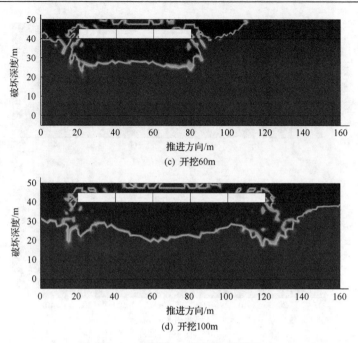

(c) 开挖60m

(d) 开挖100m

图 9.10　方案一：底板分布云图

4) 渗流速度水流量变化趋势图 (图 9.11)

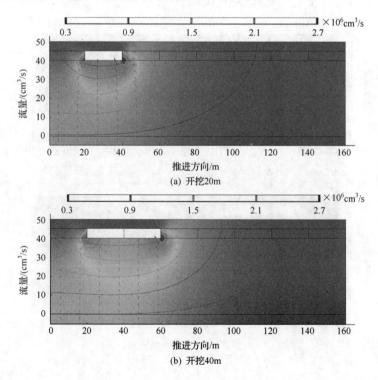

(a) 开挖20m

(b) 开挖40m

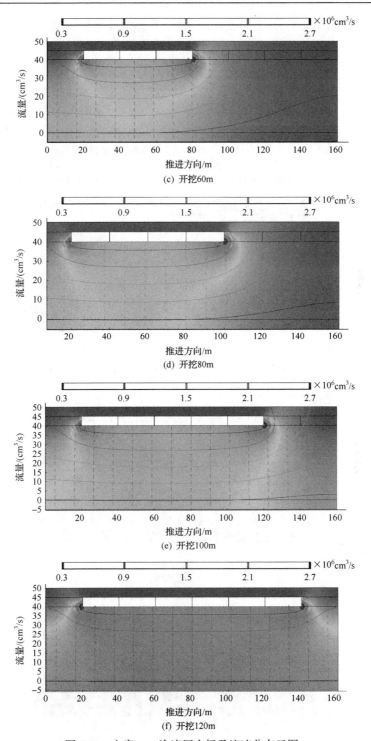

图 9.11　方案一：渗流压力场及流速分布云图

2. 方案二

当煤层埋深为 1300m、底板下部水压为 6MPa、隔水层岩层抗拉强度大时，在工作面不断推进的过程中，底板隔水层的应力水压分布及隔水层的破坏程度情况不断变化，如图 9.12～图 9.16 所示。

图 9.12 给出了煤层底板开挖前形成的渗流速度场的分布云图，相比方案一，在深部开采高承压水环境高应力环境下底板高渗流区域范围明显大于浅部煤层开采。

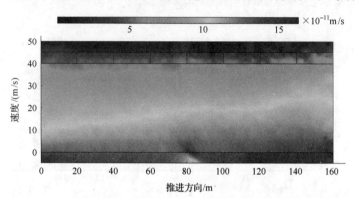

图 9.12　方案二：渗流速度场的分布云图

1) 应力场变化趋势图(图 9.13)

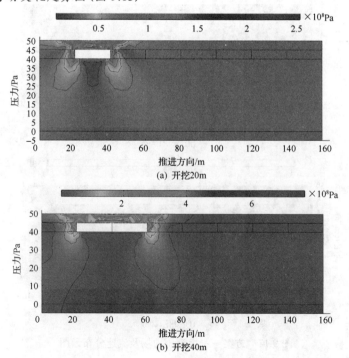

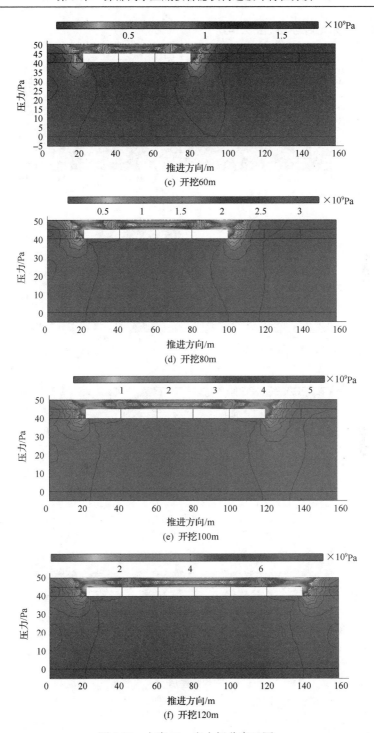

图 9.13　方案二：应力场分布云图

2) 位移场变化趋势图(图9.14)

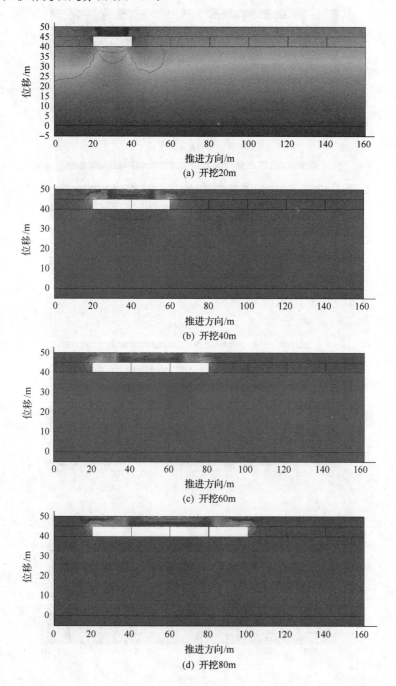

(a) 开挖20m

(b) 开挖40m

(c) 开挖60m

(d) 开挖80m

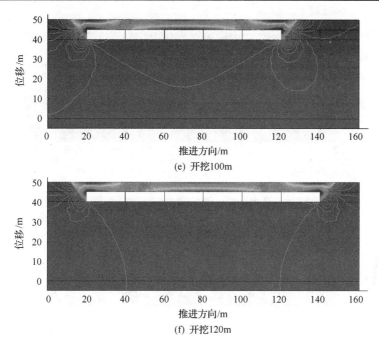

(e) 开挖100m

(f) 开挖120m

图9.14 方案二：位移场分布云图

3）底板破坏深度变化趋势（图9.15）

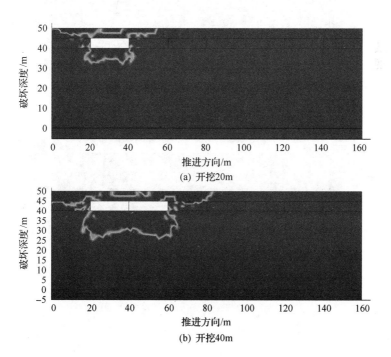

(a) 开挖20m

(b) 开挖40m

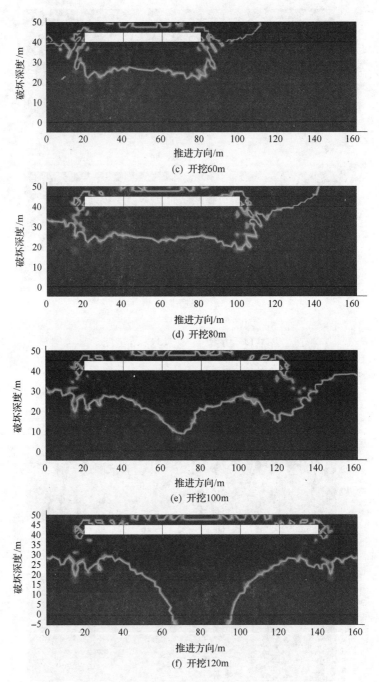

(c) 开挖60m

(d) 开挖80m

(e) 开挖100m

(f) 开挖120m

图 9.15　方案二：底板破坏深度分布云图

4) 渗流速度水流量变化趋势图(图 9.16)

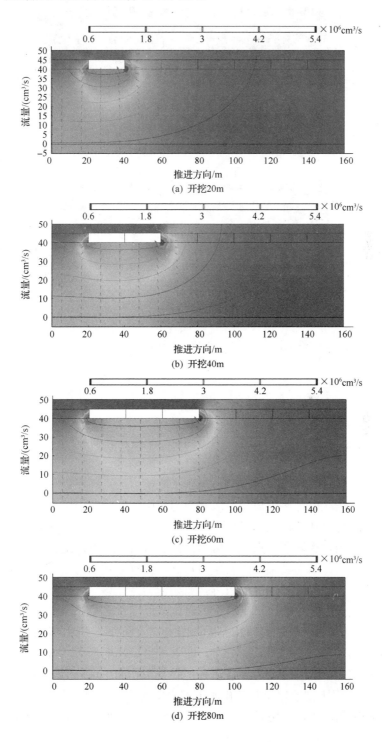

(a) 开挖20m

(b) 开挖40m

(c) 开挖60m

(d) 开挖80m

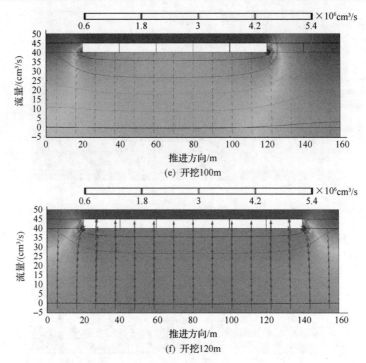

(e) 开挖100m

(f) 开挖120m

图 9.16　方案二：渗流压力场及流速分布云图

3. 方案一、方案二对比分析

1) 应力场变化趋势图

煤层开挖后底板岩层呈现较为明显的矿压显现区，分别为应力增高区、应力降低区、应力微弱影响区和原始应力区。应力增高区：煤层开采作业带来了一定的支撑压力，这种支撑压力经煤层传递到了底板岩层，并在煤体下方靠近采空区的区域形成增压区，越接近煤层，区域应力集中越大。应力降低区：随着开采步距的增加，距离煤体支撑压力强作用区较远，支撑压力在这一区域没有产生较为明显的作用，当顶板岩层在采空区压实后，底板岩层将再次受到应力作用。应力微弱影响区：该区域受到采动影响较为轻微，位置处在应力增高区和应力降低区之间，处在煤体边界处采空区的下方。原始应力区：该区域深度较大，距离煤体上支撑压力强作用区比较远，支撑压力对该区域没有影响。

图 9.8 为方案一开挖 20～120m 采场围岩应力场分布云图。随着煤层的开采，底板岩层下部岩石发生应力重新分布，随着推进距离的增大，应力集中区域进一步增大，采空区中部发生应力卸载，开切眼及工作面出现应力集中现象。煤层开挖 20m 是开切眼下部的岩层与工作面下部岩层的应力集中区呈现对称分布现象，随着推进距离的增大，开切眼下方集中分布范围逐渐变大，开挖至 40m 时波及承

压水含水层，达到最大的波及范围，开采 40～120m 阶段基本不发生变化；工作面下方底板应力集中区域随开挖距离的增加逐渐前移，区域范围相比开切眼下部岩石未发生明显的增大。

图 9.13 为方案二应力场分布云图，相比方案一底板应力集中区域及变化趋势基本一致。煤层埋深为 1300m，地应力大于 31.5MPa，开采产生的支承压力较浅部大，集中应力影响范围进一步超前，底板岩石受矿压的影响剧烈。同时，采空区底板在顶板垮落之前处于卸压状态，卸压范围较浅部底板向工作面前方扩展。通过对比分析可知，随着开采深度的增大，支承压力不断增大，集中应力影响范围向工作面前方进一步扩大；支承压力对工作面前方底板的应力作用越来越小，直到恢复到原岩应力。工作面前方底板与采空区底板的受力不同，造成交界处的底板岩体受到较大的剪切力作用而发生剪切破坏，容易产生剪切裂隙。

2) 底板位移变化规律及底板破坏深部分析

底板的应力分布影响着位移的变化，随着煤层开采的推进，深部底板岩体内任意一点和浅部底板岩体相同，也要经历压—拉—压的应力交替变化过程，出现采前压缩区、卸压膨胀区及恢复区 3 个阶段，且随着距煤层底界面深度的增大，底板岩体的变形位移量逐渐减小。随着开采深度的增大，底板表现出的移动变形比浅部更大，底板破坏带更深。

图 9.9 和图 9.10 为方案一深部开采底板位移变化规律及底板破坏深度分布区域变化图，底板破坏区域由渗流场水压力和应力场第一主应力的大小进行确定（$P > \sigma_3$）。在应力场与渗流场耦合条件下，当工作面推进到 20m 时，底板岩层上部出现破坏区，达到 5m 且呈现"马鞍状"分布；推进 20～60m 范围内底板破坏区域的深度及范围逐渐增大，开挖 60m 达到破坏的最大值 20m 左右，开采瞬时的破坏深度最大的位置出现在采空区两端，及开切眼及工作面的下方；当工作面推进到 45m 时，底板岩层的采动破坏深度(上部塑性区范围)最大为 22.5m 左右，开挖 80～120m 范围内，随着工作面继续推进，底板破坏深度保持稳定，不再向下发展。受深部高地应力和高承压水的影响，开挖 120m 工作面一段时间后，采空区中部破坏区向下扩展，破坏范围逐步逼近承压水含水层。

在相同底板岩层状态下，相比方案二深部底板的采场位移变化规律和底板破坏深度分布可知，如图 9.14 和图 9.15 所示，当工作面推进到 20m 时，底板破坏区达到 8m 大于浅部开采；推进 20～80m 范围内底板破坏区域的深度及范围持续增大，开采瞬时的破坏深度最大的位置出现在采空区两端，但由于高地应力和高承压水的作用，采空区底板中部下方破坏区持续发育，最终破坏深度大于开切眼和工作面下方底板破坏深度。深部开采开挖至 100m 时，相比浅部开采，存在明显与承压水含水层沟通的趋势，开采 100～120m 之间，底板破坏深度波及至承压水含水层且范围远远大于浅部开采。

3) 渗流压力速度场变化趋势

煤层开采后，底板附近岩层无水压力，底板承压水已渗流的形式涌入采空区，随着开挖步距的增加，底板渗流并没有发生较大的变化。采场开切眼及工作面下方岩石呈现出较高的渗流速度场，开切眼处岩石承压水渗流速度逐步随开采步距的增加又降低的趋势，采煤工作面下方岩层承压水高渗流速度区域随开挖步距的增加而迁移。

图 9.11 为方案一渗流压力场及水流速分布云图，模型利用空隙水压力流进行模拟，采空区设计为出水部位，图中深色表示水压力较大的区域，浅色表色水压力较低的区域。黑色箭头表述为在该开采步距内水流的方向以及流速的大小，水流方向与各处垂线方向相同。图 9.16 为深部环境下底板渗流压力场及水流速分布趋势图，与浅部开采相比，压力场及速度场的变化趋势与浅部相近；开挖至 100m 时，底板渗流速度大于浅部开采，随着工作面的推进，存在逐渐增大的趋势。这说明，深部开采发生底板突水灾害的危险远远大于浅部开采，并渗流变化存在滞后性。

4. 方案三

当煤层埋深为 500m、底板下部水压为 3MPa、隔水层岩层抗拉强度小时，在工作面不断推进的过程中，底板隔水层的应力水压分布及隔水层的破坏程度情况不断变化，如图 9.17～图 9.21 所示。

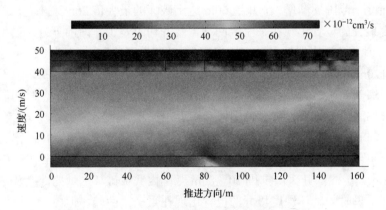

图 9.17   方案三：渗流速度场的分布云图

1) 应力场变化趋势图(图 9.18)

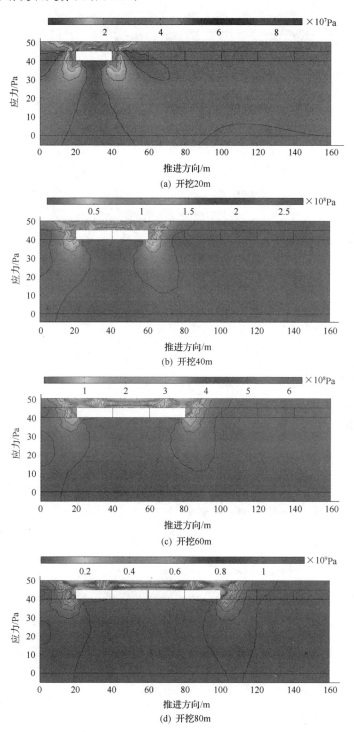

(a) 开挖20m

(b) 开挖40m

(c) 开挖60m

(d) 开挖80m

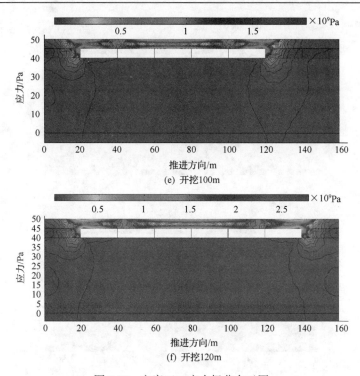

图 9.18　方案三：应力场分布云图

2) 位移场变化趋势图(图 9.19)

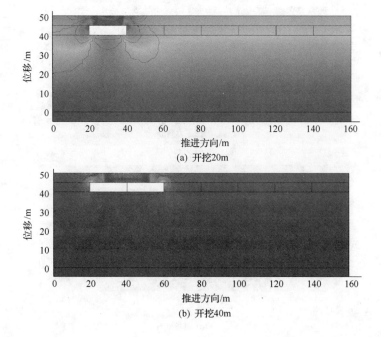

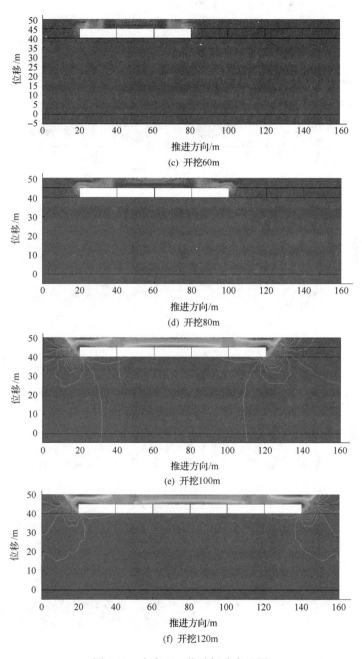

(c) 开挖60m

(d) 开挖80m

(e) 开挖100m

(f) 开挖120m

图 9.19　方案三：位移场分布云图

3) 底板破坏深度变化趋势 (图 9.20)

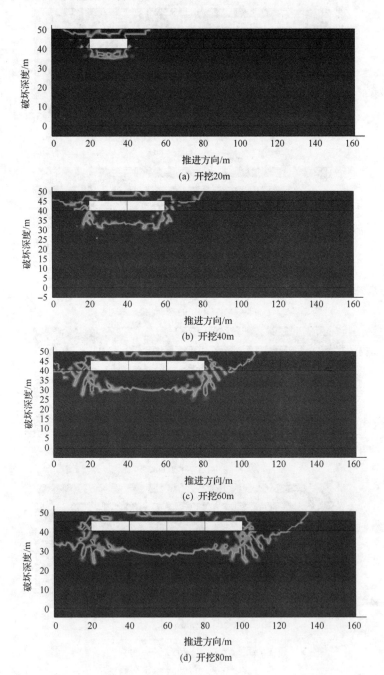

(a) 开挖20m

(b) 开挖40m

(c) 开挖60m

(d) 开挖80m

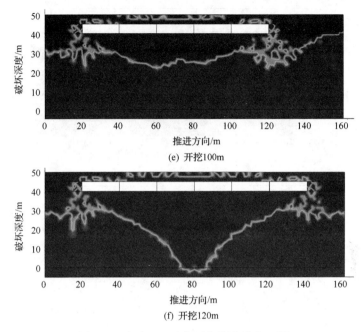

(e) 开挖100m

(f) 开挖120m

图 9.20　方案三：底板破坏深度分布云图

4) 渗流速度水流量变化趋势图（图 9.21）

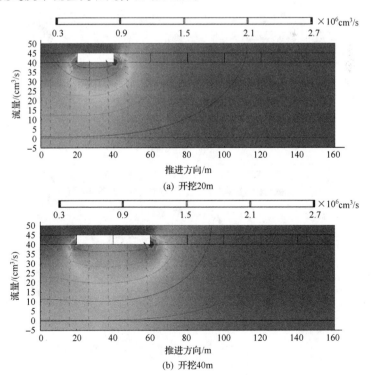

(a) 开挖20m

(b) 开挖40m

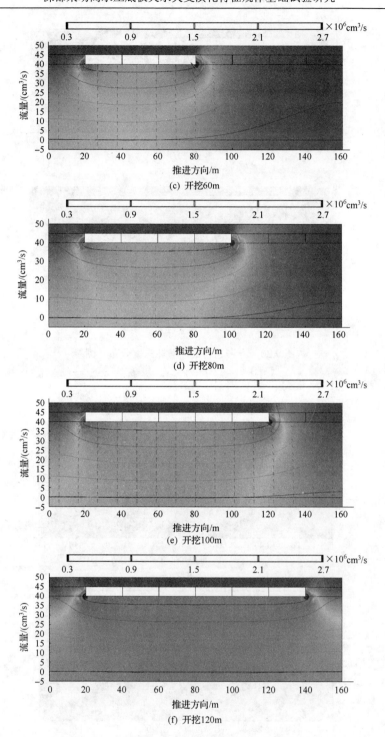

图 9.21　方案三：渗流压力场及流速分布云图

5. 方案四

当煤层埋深为 1300m、底板下部水压为 6MPa、隔水层岩层抗拉强度小时，在工作面不断推进的过程中，底板隔水层的应力水压分布及隔水层的破坏程度情况不断变化，如图 9.22～图 9.26 所示。

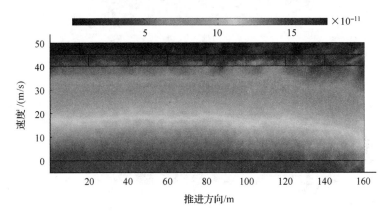

图 9.22　方案四：渗流速度场的分布云图

1) 应力场变化趋势图(图 9.23)

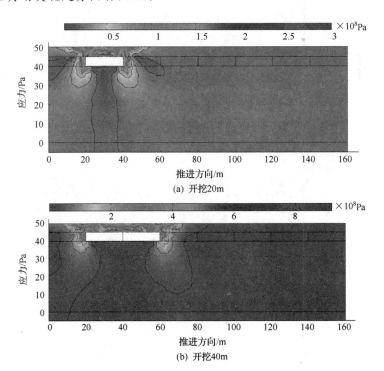

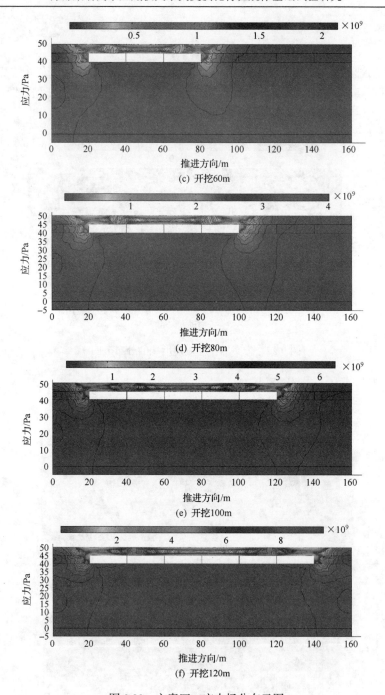

图 9.23　方案四：应力场分布云图

2) 位移场变化趋势图 (图 9.24)

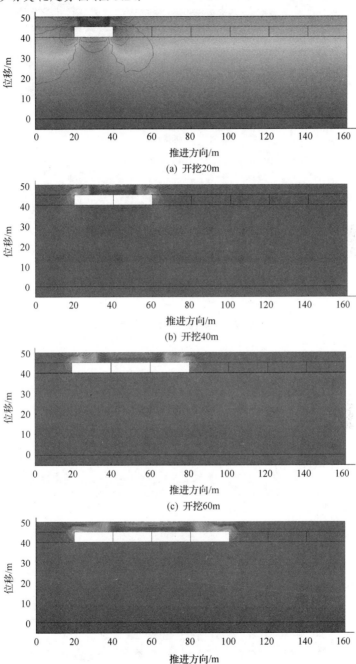

(a) 开挖20m

(b) 开挖40m

(c) 开挖60m

(d) 开挖80m

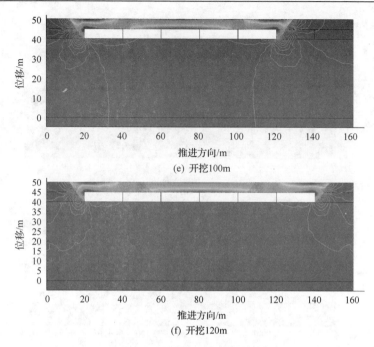

(e) 开挖100m

(f) 开挖120m

图9.24　方案四：位移场分布云图

3) 底板破坏深度变化趋势（图9.25）

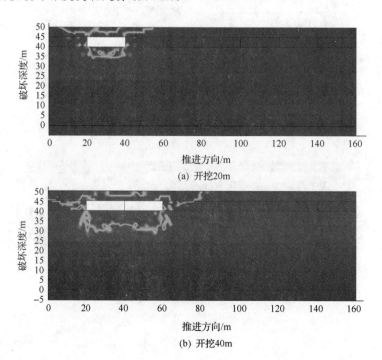

(a) 开挖20m

(b) 开挖40m

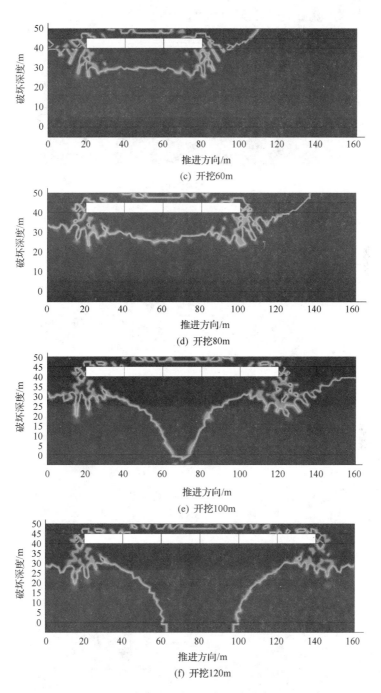

(c) 开挖60m

(d) 开挖80m

(e) 开挖100m

(f) 开挖120m

图 9.25 方案四：底板破坏深度分布云图

4) 渗流速度水流量变化趋势图 (图 9.26)

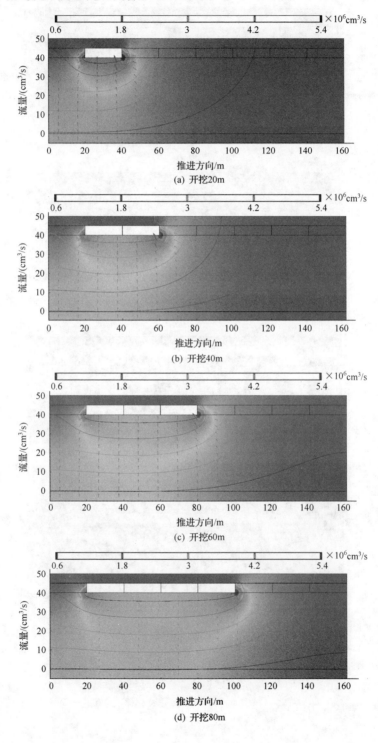

(a) 开挖20m

(b) 开挖40m

(c) 开挖60m

(d) 开挖80m

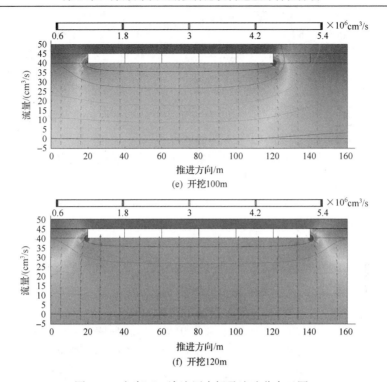

图 9.26　方案四：渗流压力场及流速分布云图

6. 方案三、方案四与方案一、方案二对比分析

由表 9.2 所示，方案三、方案四底板为抗拉强度小的底板，其力学性能小于方案一、方案二，对比研究主要表现为：

1) 应力场变化趋势图

图 9.18 为方案三开挖 20～120m 采场围岩应力场分布云图，相比方案一，方案三底板围岩高应力的集中区域扩大，随着煤层的开采，应力集中区域进一步增大，底板围岩破坏卸载程度远大于坚硬底板围岩环境。煤层开挖 20m 底板塑性区及破坏区明显大于方案一，塑性区范围接近两倍采高。随着工作面不断向前推进，该破坏塑性区进一步向上演化，深度及范围逐渐扩大。当工作面推进到 80m 时，隔水层下界面破坏塑性区达到最大。图 9.23 为方案四应力场分布云图，相比方案二底板应力集中区域及变化趋势基本一致。但由于底板岩层力学性质较差，集中应力影响范围进一步超前，底板岩石受矿压的影响剧烈。

2) 底板位移变化规律及底板破坏深部分析

图 9.19 为方案三深部开采底板位移变化规律及底板破坏深度分布区域变化图。当底板岩层为软弱的底板岩层时，当工作面推进到 20m 时，底板岩层上部出

现破坏区，达到一倍采高；推进 20～80m 范围内底板破坏区域的深度及范围逐渐增大，开挖 80m 达到破坏的最大值 25m 左右；开挖 100～120m 范围内，随着工作面继续推进，采空区中部破坏区向下扩展，破坏范围逐步向承压水含水层逼近，开挖 120m 承压水含水层并未发生较大的破坏。

在相同底板岩层状态下，方案四为深部开采环境下底板破坏深度变化情况，由图 9.25 可清晰地看出，开挖至 100m 底板破坏深度与承压水发生导通，开挖至 120m 时，承压水含水层与底板破坏带发生贯通，此时认为底板发生突水。

3) 渗流压力速度场变化趋势

隔水层 2 渗透率为 9.7e-5cm/s 大于隔水层 1 的渗透率，由图 9.21 和图 9.26 相比可知，完整底板压力场及速度场的变化趋势相近，并没有发生突变情况。受隔水层性质影响，在不同的开挖步距下方案四相比方案二底板承压水渗流速度大，同时方案四在开挖 100m 内底板水压机速度场发生较为剧烈的变化。

7. 方案五

当煤层埋深为 1300m，底板下部水压为 6MPa，隔水层岩层抗拉强度大且底板含有隐伏构造(倾角 70°，高度 30m)时，在工作面不断推进的过程中，底板隔水层的应力水压分布及隔水层的破坏程度情况不断变化，如图 9.27～图 9.31 所示。

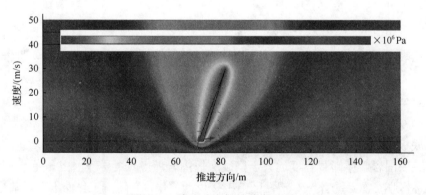

图 9.27　渗流速度场的分布云图

图 9.27 为渗流速度场的分布云图，由于隐伏构造的存在，相比方案一、方案二、方案三和方案四，底板原始渗流场的分布发生较大的变化，底板的高渗透区域产生在隐伏构造内部及围岩区域内。

1）应力场变化趋势图（图 9.28）

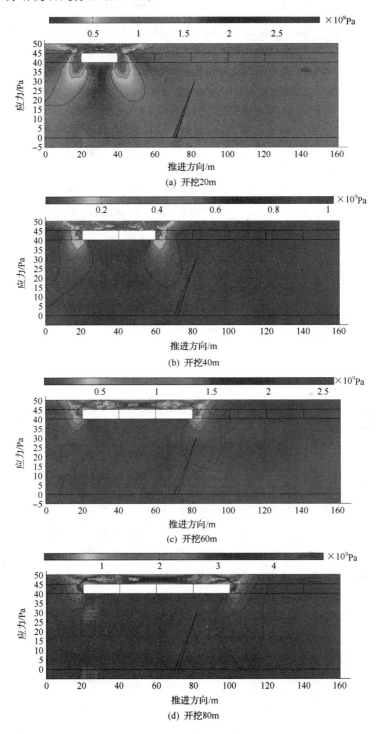

(a) 开挖20m

(b) 开挖40m

(c) 开挖60m

(d) 开挖80m

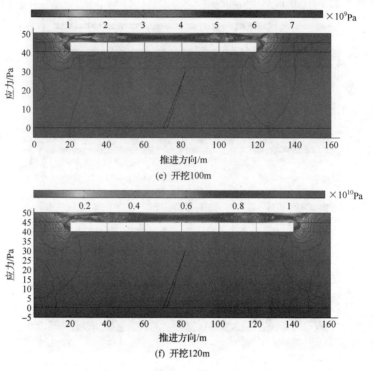

图 9.28   方案五：应力场分布云图

图 9.28 为数值模拟开挖过程中采空区及断层附近围岩应力场云图，在大隐伏断层附近的围岩，应力集中的现象更为明显。数值模拟结果具体表现为：

(1) 工作面开采后，原有的应力平衡破坏，部分围岩区域产生应力集中现象。开挖后采空区附近应力卸载，两端工作面和开切眼处应力集中，呈现对称"椭圆状"隐伏断层上方与工作面下方区域的底板岩层出现 3m 宽度的应力集中区域，此时隐伏断层中上部出现的应力集中超过底板围岩。

(2) 开挖至 60m 时，工作面推过隐伏断层，由图中采空区下部的应力卸载区可以看到，隐伏断层原有集聚的应力得到释放，该时间段内断层岩石内部的应力远小于底板围岩应力，说明受集中力的作用后断层内产生裂隙，岩石的整体结构发生破坏。

(3) 开挖 100～120m 期间，底板围岩与隐伏断层岩石应力集中区域几乎重合，形成明显的"应力贯通"的现象，断层岩石没有达到塑性变形阶段，岩石更具有较为明显的弹性变形特性，突水通道极易形成。

2) 位移场变化趋势图(图 9.29)

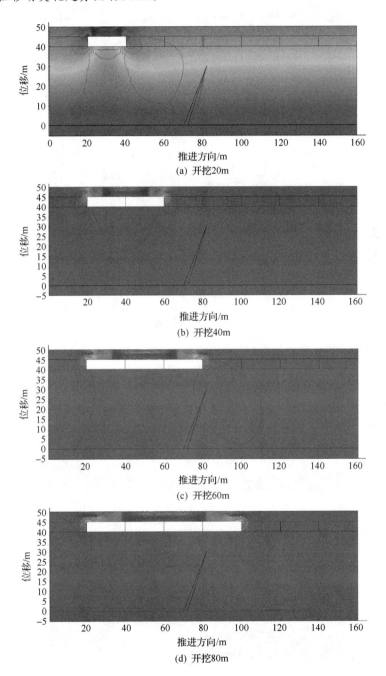

(a) 开挖20m

(b) 开挖40m

(c) 开挖60m

(d) 开挖80m

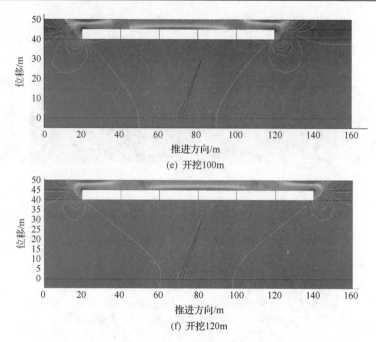

(e) 开挖100m

(f) 开挖120m

图 9.29　方案五：位移场分布云图

3) 底板破坏深度变化趋势 (图 9.30)

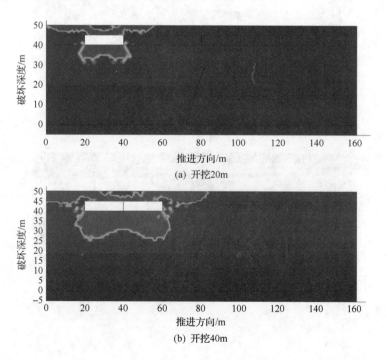

(a) 开挖20m

(b) 开挖40m

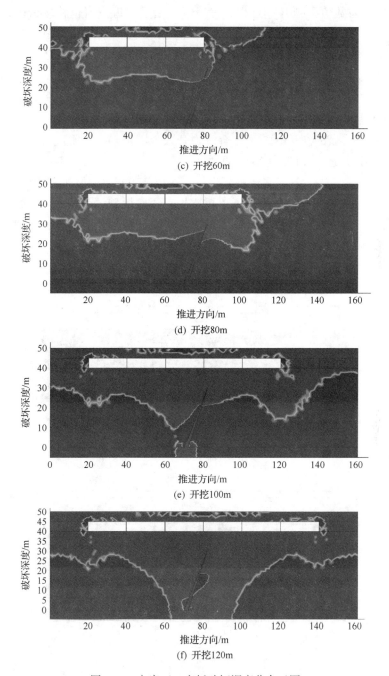

(c) 开挖60m

(d) 开挖80m

(e) 开挖100m

(f) 开挖120m

图 9.30　方案五：底板破坏深度分布云图

图 9.29 为数值模拟开挖过程中采空区及断层附近围岩位移场云图，图中颜色越深为总位移量(x、y、z 三个方向位移量之和)越小，颜色越淡总位移量越大。图 9.30 为方案五底板破坏深度分布云图，工作面推进 20m 时，靠近采空区的顶底板岩层发生较大的位移，底板位移影响深度达到 25m，远远大于同开采步距下浅部开采底板的破坏深度，底板破坏区域呈现"马鞍状"，在开切眼处及工作面下方底板的破坏深度达到最大值。对比工作面推进 20m，断层位移达到最大值，断层附近岩石存在明显的淡色区域，结合应力开采云图可知，该阶段内断层与工作面发生应力集中贯通，区域岩层应变激增。

由于隐伏构造的存在，底板破坏深度在 80~120m 之间发生较为明显的突变；开挖 100m 时，隐伏构造作为连通"桥梁"贯通底板破坏带及承压水含水层，此时隐伏构造演化成底板突水通道，煤矿发生突水灾害，开挖至 120m 时破坏进一步加大，涌水量增大。

4)渗流速度水流量变化趋势图(图 9.31)

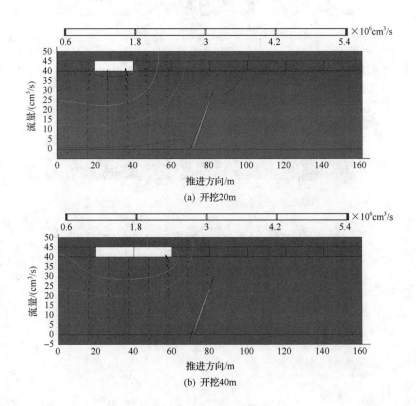

(a) 开挖20m

(b) 开挖40m

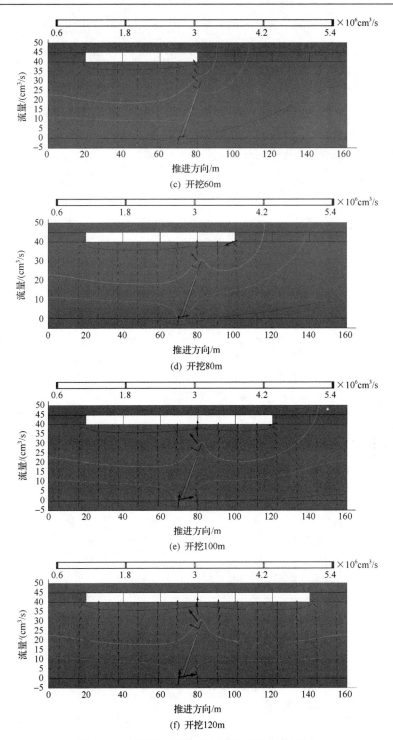

(c) 开挖60m

(d) 开挖80m

(e) 开挖100m

(f) 开挖120m

图 9.31 方案五：渗流压力场及流速分布云图

　　图 9.31 为开挖 20～120m 过程中水流压力场云图与水流速度趋向图，模型利用空隙水压力流进行模拟，采空区设计为出水部位，黑色箭头表述为在该开采步距内水流的方向以及流速的大小。断层对承压水的导升起着重要的作用。断层内部的水流速远大于底板岩层，较符合微裂隙水流分布。随着工作面的推进，底板水流速度逐渐增大，断层区域增加明显；当工作面推进至 100m 处时断层处水流速达到最大值，随工作面的推进该值不再发生明显变化，说明此时导水通道已经形成，煤矿突水事故已经发生。

主要参考文献

别小勇, 周国庆, 赵广思, 等. 2005. 煤层开采覆岩变形与破坏试验研究. 矿业安全与环保, 25(2): 27-30.

卜昌森, 张希诚. 2001. 综合水文地质勘探在煤矿岩溶水害防治中的应用. 煤炭科学术, 29(3): 32-34.

卜万奎. 2009. 采场底板断层活化及突水力学机理研究. 徐州: 中国矿业大学博士学位论文.

卜万奎, 茅献彪. 2009. 断层倾角对断层活化及底板突水的影响研究. 岩石力学与工程学报, 28(2): 386-394.

蔡光桃, 隋旺华. 2008. 采煤冒裂带上覆松散土层渗透变形的模型试验研究. 水文地质工程地质, 35(6): 66-69.

陈红江. 2010. 裂隙岩体应力-损伤-渗流耦合理论、试验及工程应用研究. 长沙: 中南大学博士学位论文.

陈秦生, 蔡云龙. 1990. 用模式识别方法预测煤矿突水. 煤炭学报, 12(4): 63-68.

陈忠辉, 唐春安, 傅宇方. 1997. 岩石失稳破裂的变形突跳研究. 工程地质学报, 5(2): 143-149.

程向东, 曾宪森. 2012. 一种简单测算混凝土透水模板衬渗透系数的方法. 建筑科学, 28(1): 59-61.

丁华, 徐建文, 张海君. 2011. 浅谈煤矿底板突水机理及防治. 山西焦煤科技, 35(4): 35-37.

樊志强, 赵玉成, 郭春涛. 2011. 基于 COMSOL 的采动覆岩渗透特性分析. 煤矿安全, 42(10): 128-131.

方开泰, 马长兴. 2001. 正交与均匀试验设计. 北京: 科学出版社.

冯梅梅, 茅献彪, 白海波, 等. 2009. 承压水上开采煤层底板隔水层裂隙演化规律的试验研究. 岩石力学与工程学报, 28(2): 336-341.

高航, 沈光寒, 李白英. 1987. 矿压及水压对煤层底板突水的影响. 煤田地质与勘探, (3): 37-42.

高航, 孙振鹏. 1987. 煤层底板采动影响的研究. 山东矿业学院学报, 12(1): 5-8.

高延法. 1994. 底板突水的研究途径与突水优势面. 山东矿业学院学报, 13(s): 333-338.

高延法, 李白英. 1992. 受奥灰承压水威胁煤层采场底板变形破坏规律研究. 煤炭学报, 17(2): 7-9.

高延法, 娄华君, 牛学良, 等. 1999. 底板突水规律与突水优势面. 徐州: 中国矿业大学出版社.

高延法, 沈光寒. 1995. 底板突水类型的划分与统计. 山东矿业学院学报, 14(S1): 9-12.

高延法, 于永辛, 牛学良. 1996. 水压在底板突水中的力学作用. 煤田地质与勘探, 24(6): 37-39.

高延法, 张庆松. 2000. 矿山岩体力学. 徐州: 中国矿业大学出版社.

高召宁, 孟祥瑞. 2010. 采动条件下煤层底板变形破坏特征研究. 矿业安全与环保, 37(3): 17-20.

葛家德, 康永华, 赵开全. 2008. 高水压松散含水层原生纵向裂隙发育覆岩的异常突水及其防治. 煤矿开采, 13(2): 49-51.

弓培林, 胡耀青, 赵阳升, 等. 2005. 带压开采底板变形破坏规律的三维相似模拟研究. 岩石力学与工程学报, 24(23): 4396-4402.

龚召熊, 郭春茂, 高大水. 1984. 地质力学模型材料试验研究. 长江水利水电科学研究院院报, 10(1): 32-46.

关英斌, 李海梅, 金瞰昆. 2003. 煤层底板采动破坏特征的研究. 煤矿安全, 34(2): 29-32.

郭君书, 孙振鹏, 李裕民, 等. 1981. 导水裂隙带地面电法探测初试. 矿山测量, (1): 51-53.

郭惟嘉, 刘杨贤. 1989. 底板突水系数概念及其应用. 河北煤炭, (2): 56-60.

何满潮, 钱七虎. 2010. 深部岩体力学基础. 北京: 科学出版社.

何满潮, 谢和平, 彭苏萍, 等. 2005. 深部开采岩体力学研究. 岩石力学与工程学报, 24(16): 2805-2811.

侯忠杰, 张杰. 2004. 陕北矿区开采潜水保护固液两相耦合实验及分析. 湖南科技大学学报(自然科学版), 19(4): 1-5.

胡宽, 曹玉清. 1997. 采掘工作面底板突水和防治原则的基本理论研究. 华北地质矿产杂志, 12(3): 203-225.

胡耀青, 赵阳升, 杨栋. 2007. 采场变形破坏的三维流固耦合模拟实验研究. 辽宁工程技术大学学报, 26(4): 520-523.

胡耀青, 赵阳升, 杨栋. 2007. 三维流固耦合相似模拟理论与方法. 辽宁工程技术大学学报, 26(2): 204-206.

虎维岳. 2005. 新时期煤矿水害防治技术所面临的基本问题. 煤田地质与勘探, 33(S): 27-30.

虎维岳, 尹尚先. 2010. 采煤工作面底板突水灾害发生的采掘扰动力学机制. 岩石力学与工程学报, 29(S1): 3344-3349.

黄炳香. 2009. 煤岩体水力致裂弱化的理论与应用研究. 徐州: 中国矿业大学博士学位论文.

黄达, 谭清, 黄润秋. 2012. 高应力卸荷条件下大理岩破裂面细微观形态特征及其与卸荷岩体强度的相关性研究. 岩土力学, 33(S2): 7-15.

黄庆享, 张文忠, 侯志成. 2010. 固液耦合试验隔水层相似材料的研究. 岩石力学与工程学报, 29(S1): 2813-2818.

黄润秋, 王贤能, 陈龙生. 2000. 深埋隧道涌水过程的水力劈裂作用分析. 岩石力学与工程学报, 19(5): 573-576.

姜文忠, 张春梅, 姜勇, 等. 2009. 水压致裂作用对岩石渗透率影响数值模拟. 辽宁工程技术大学学报(自然科学版), 28(5): 693-696.

蒋曙光, 王省身. 1995. 综放采场流场及瓦斯运移三维模型试验. 中国矿业大学学报, 24(4): 85-91.

蒋宇静, 王刚, 李博, 等. 2007. 岩石节理剪切渗流耦合试验及分析. 岩石力学与工程学报, 26(11): 2253-2259.

金国栋. 1991. 高水压破岩. 江苏煤炭, (4): 10-13.

靳德武, 王延福, 马培智. 1997. 煤层底板突水的动力学分析. 西安矿业学院学报, 17(4): 354-356.

荆自刚. 1984. 峰峰二矿开采活动与底板突水关系研究. 煤炭学报, (2): 20-23.

荆自刚, 李白英. 1980. 煤层底板突水机理的初步探讨. 煤田地质与勘探, (2): 27-29.

黎良杰. 1995. 采场底板突水机理的研究. 徐州: 中国矿业大学博士学位论文.

黎良杰, 钱鸣高, 殷有泉. 1996. 采场底板突水相似材料模拟研究. 煤田地质与勘探, 25(1): 33-36.

黎良杰, 钱鸣高. 1995. 底板岩体结构稳定性与底板突水关系的研究. 中国矿业大学学报, 24(4): 18-23.

黎良杰, 钱鸣高. 1996. 断层突水机理分析. 煤炭学报, 21(2): 119-123.

李昂. 2012. 带压开采下底板渗流与应力耦合破坏突水机理及其工程应用. 西安: 西安科技大学博士学位论文.

李白英, 郭惟嘉. 2004. 开采损害与环境保护. 北京: 煤炭工业出版社.

李加祥. 1990. 煤层底板"下三带"理论在底板突水研究中的应用. 河北煤炭, (4): 12-16.

李抗抗, 王成绪. 1997. 用于煤层底板突水机理研究的岩体原位测试技术. 煤田地质与勘探, 25(3): 32-33.

李利平. 2009. 高风险岩溶隧道突水灾变演化机理及其应用研究. 济南: 山东大学博士学位论文.

李利平, 李术才, 石少帅, 等. 2012. 岩体突水通道形成过程中应力-渗流-损伤多场耦合机制. 采矿与安全工程学报, 29(2): 232-238.

李利平, 路为, 李术才. 2010. 地下工程突水机理及其研究最新进展. 山东大学学报(工学版), 40(3): 104-118.

李连崇, 唐春安, 李根, 等. 2009. 含隐伏断层煤层底板损伤演化及滞后突水机理分析. 岩土工程学报, 31(12): 1838-1844.

李连崇, 唐春安, 梁正召, 等. 2009. 含断层煤层底板突水通道形成过程的仿真分析. 岩石力学与工程学报, 28(2): 290-297.

李青锋, 王卫军. 2010. 南方煤矿特殊开采条件下的突水机理分析. 矿业工程研究, 25(2): 25-28.

李术才, 李利平, 李树忱. 2010. 地下工程突涌水物理模型试验系统的研制及应用. 采矿与安全工程学报, 27(3): 299-304.

李术才, 周毅, 李利平, 等. 2012. 地下工程流-固耦合模型试验新型相似材料的研制及应用. 岩石力学与工程学报, 31(6): 1128-1137.

李树忱, 冯现大, 李术才, 等. 2010. 新型流固耦合相似材料的研制及其应用. 岩石力学与工程学报, 29(2): 281-288.

李燕, 杨林德, 董志良. 2009. 各向异性软岩的变形与渗流耦合特性试验研究. 岩土力学, 30(5): 1231-1236.

李云雁, 胡传荣. 2008. 试验设计与数据处理. 北京: 化学工业出版社.

梁冰, 孙可明, 薛强. 2001. 地下工程中的流-固耦合问题的探讨. 辽宁工程技术大学学报, 20(2): 129-134.

刘爱华, 彭述权, 李夕兵, 等. 2009. 深部开采承压突水机制相似物理模型试验系统研制及应用. 岩石力学与工程学报, 28(7): 1335-1341.

刘才华, 陈从新. 2007. 三轴应力作用下岩石单裂隙的渗流特性. 自然科学进展, 17(7): 989-993.

刘红元, 唐春安. 2001. 承压水底板失稳过程的数值模拟. 煤矿开采, (1): 50-51.

刘洪磊, 杨天鸿, 于庆磊, 等. 2009. 凝灰岩破坏全过程渗流演化规律的实验研究. 东北大学学报, 30(7): 1030-1033.

刘鸿文. 2011. 材料力学. 北京: 高等教育出版社.

刘建军, 薛强. 2004. 岩土工程中的若干流-固耦合问题. 岩土工程界, 7(11): 27-30.

刘进晓, 郭惟嘉, 尹忠昌. 2009. 高承压水上采煤流固耦合数值模拟. 煤矿开采, 14(3): 35-37.

刘树才, 刘鑫明, 姜志海, 等. 2009. 煤层底板导水裂隙演化规律的电法探测研究. 岩石力学与工程学报, 28(2): 348-356.

刘伟韬. 2005. 煤层底板断裂滞后突水机理及数值仿真研究. 北京: 中国矿业大学博士学位论文.

卢兴利, 刘泉声, 吴昌勇, 等. 2009. 断层破裂带附近采场采动效应的流固耦合分析. 岩土力学, 30(增): 165-168.

罗立平, 彭苏萍. 2005. 承压水体上开采底板突水灾害机理的研究. 煤炭学报, 30(4): 439-462.

孟祥瑞, 徐铖辉, 高召宁, 等. 2010. 采场底板应力分布及破坏机理. 煤炭学报, 35(11): 1832-1836.

缪协兴, 刘卫群, 陈占清. 2007. 采动岩体渗流与煤矿灾害防治. 西安石油大学学报, 22(2): 74-77.

潘岳, 王志强, 张勇. 2008. 突变理论在岩体系统动力失稳中的应用. 北京: 科学出版社.

彭苏萍, 孟召平, 王虎, 等. 2003. 不同围岩下砂岩孔渗透规律的试验研究. 岩石力学与工程学报, 22(5): 742-746.

彭苏萍, 王金安. 2001. 承压水体上安全采煤. 北京: 煤炭工业出版社.

钱鸣高, 缪协兴, 许家林. 1996. 岩层控制中的关键层理论研究. 煤炭学报, 21(31): 44-47.

钱鸣高, 石平五. 2003. 矿山压力与岩层控制. 徐州: 中国矿业学出版社.

钱增江. 2012. 高水压大采深矿井突水危险性评价研究. 中国煤炭, 38(5): 97-99.

任长吉, 黄涛. 2004. 裂隙岩体渗流场与应力场耦合数学模型的研究. 武汉大学学报, 37(2): 8-12.

邵爱军. 2001. 煤矿地下水与底板突水. 北京: 地震出版社.

邵苏萍. 2006. 怎样应用"控制变量法". 物理教学探讨, 24(262): 34-35.

施龙青. 2009. 底板突水机理研究综述. 山东科技大学学报, 28(3): 19.

施龙青, 韩进. 2004. 底板突水机理及预测预报. 徐州: 中国矿业大学出版社.

施龙青, 韩进. 2005. 开采煤层底板"四带"划分理论与实践. 中国矿业大学学报, 42(1): 16-23.

施龙青, 辛恒奇, 翟培合, 等. 2012. 大采深条件下导水裂隙带高度计算研究. 中国矿业大学学报, 41(1): 37-41.

司海宝, 杨为民, 吴文金, 等. 2005. 煤层底板突水的断裂力学模型. 北京工业职业技术学院学报, 4(3): 48-50.

宋景义, 王成绪. 1991. 论承压水在岩体裂隙中的静力学效应//煤科总院西安分院文集(第五集). 西安: 煤炭科学研究总院西安分院.

宋振骐. 1998. 实用矿山压力控制. 徐州: 中国矿业大学出版社.

速宝玉, 詹美礼, 王媛. 1997. 裂隙渗流与应力耦合特性研究. 岩土工程学报, 19(4): 73-77.

隋旺华, 蔡光桃, 董青红. 2007. 近松散层采煤覆岩采动裂缝水砂突涌临界水力坡度试验. 岩石力学与工程学报, 26(10): 2084-2091.

隋旺华, 董青红. 2008. 近松散层开采孔隙水压力变化及其对水砂突涌的前兆意义. 岩石力学与工程学报, 27(9): 1908-1916.

孙文斌. 2006. 断层对底板突水的影响. 青岛: 山东科技大学博士学位论文.

唐东旗, 李运成, 姚秀芳. 2005. 断层带留设防水煤柱开采的相似模拟试验研究. 矿业安全与环保, 32(6): 26-30.

汪明武, 金菊良, 李丽. 2002. 煤矿底板突水危险性投影寻踪综合评价模型. 煤炭学报, 27(5): 507-510.

王成绪, 王红梅. 2004. 煤矿防治水理论与实践的思考. 煤田地质与勘探, 32(S1): 100-103.

王成绪. 1997. 底板突水的数值计算方法研究. 煤田地质与勘探, 25(S1): 45-47.

王刚, 蒋宇静, 王渭明, 等. 2009. 新型数控岩石节理剪切渗流试验台的设计与应用. 岩土力学, 30(10): 3200-3208.

王慧敏. 2009. 大口径钻进软质岩层相似材料模拟研究. 长沙: 中南大学博士学位论文.

王家臣, 许延春, 徐高明, 等. 2010. 矿井电剖面法探测工作面底板破坏深度的应用. 煤炭科学技术, 38(1): 97-100.

王经明. 1999. 承压水沿底板递进导升机理的模拟与观测. 岩土工程学报, 21(5): 546-550.

王经明. 1999. 承压水沿底板递进导升机理的物理方法研究. 煤田地质与勘探, 27(6): 40-44.

王经明. 2004. 承压水沿煤层底板递进导升的突水机理及其应用. 西安: 煤炭科学研究总院西安分院博士学位论文.

王连国, 宋杨. 2000. 煤层底板突水突变模型. 工程地质学报, 8(2): 160-163.

王连国, 宋扬. 2002. 煤层底板突水自组织临界特性研究. 岩石力学与工程学报, 21(8): 1205-1208.

王学文, 李海梅, 关英斌. 2003. 煤层底板采动过程中的应力、应变分析及研究. 煤炭工程, (8): 50-51.

王贻明, 吴爱祥, 张传信, 等. 2006. 复杂条件下矿柱回采的相似材料模型试验. 金属矿山, (12): 10-12.

王作宇. 1992. 煤层底板承压水上采煤突水机制的两个基本理论与实践//中国岩石力学与工程学会岩石动力学专业委员会. 全国矿井水文工程地质学术交流会论文集. 武汉: 武汉测绘科技大学出版社.

王作宇, 刘鸿泉. 1989. 论煤层底臌出水. 煤田地质与勘探, (2): 41-44.

王作宇, 刘鸿泉. 1993. 承压水上采煤. 北京: 煤炭工业出版社.

王作宇, 张建华, 刘鸿泉. 1995. 承压水上近距离煤层重复采动的底板岩移规律. 煤炭科学技术, 23(2): 18-20.

魏久传. 2000. 煤层底板岩体断裂损伤与底板突水机理研究. 泰安: 山东科技大学博士学位论文.

吴基文, 童宏树, 童世杰. 2007. 断层带岩体采动效应的相似材料模拟研究. 岩石力学与工程学报, 26(S2): 4170-4175.

吴家龙. 2001. 弹性力学. 北京: 高等教育出版社.

吴月秀. 2010. 粗糙节理网络模拟及裂隙岩体水力耦合特性研究. 武汉: 中国科学院武汉岩土力学研究所.

夏才初, 王伟, 王筱柔. 2008. 岩石节理剪切-渗流耦合试验系统的研制. 岩石力学与工程学报, 27(6): 1285-1291.

肖洪天, 荆自刚, 李白英. 1989. 周期来压的不同工作面长度对底板影响的电算模拟研究. 山东矿业学院学报, 8(2): 9-13.

肖洪天, 李白英, 周维垣. 1999. 煤层底板的损伤稳定分析. 中国地质灾害与防治学报, 10(2): 33-39.

肖洪天, 周维垣, 杨若琼. 1999. 岩石裂纹流变扩展的细观机理分析. 岩石力学与工程学报, 18(6): 623-626.

谢大平. 2012. 浅埋煤层长壁开采的物理相似模拟试验. 六盘水师范高等专科学校学报, 22(3): 10-12.

谢和平. 2002. 深部高应力下的资源开采—现状、基础科学问题与展望//香山科学会议主编. 科学前沿与未来(第六集). 北京: 中国环境科学出版社.

邢会安, 卢全生, 荆冰川. 2009. 煤矿工作面底板突水通道的研究. 能源技术与管理, (2): 64-66.

徐智敏. 2010. 深部开采底板破坏及高承压突水模式、前兆与防治. 徐州: 中国矿业大学博士学位论文.

许学汉. 1991. 煤矿突水预报研究. 北京: 地质出版社.

杨圣奇. 2011. 裂隙岩体力学特性研究及时间效应分析. 北京: 科学出版社.

杨天鸿, 唐春安, 刘红元, 等. 2003. 承压水底板突水失稳过程的数值模型初探. 地质力学学报, 9(3): 281-288.

杨伟峰. 2009. 薄基岩采动破断及其诱发水砂混合流运移特性研究. 徐州: 中国矿业大学博士学位论文.

杨秀夫, 刘希圣. 1997. 国内外水压裂缝几何形态模拟研究的发展现状. 西部探矿工程, 9(6): 8-11.

杨延毅, 周维桓. 1991. 裂隙岩体的渗流-损伤耦合分析模型及其工程应用. 水力学报, 2(5): 19-27.

杨映涛, 李抗抗. 1997. 用物理相似模拟技术研究煤层底板突水机理. 煤田地质与勘探, 25(S): 33-36.

尹立明. 2011. 深部煤层开采底板突水机理基础试验研究. 青岛: 山东科技大学博士学位论文.

尹尚先. 2003. 煤矿区突(涌)水系统分析模拟及应用. 岩石力学与工程学报, 22(5): 866.

尹尚先, 王尚旭. 2003. 陷落柱影响采场围岩破坏和底板突水的数值模拟分析. 煤炭学报, 28(3): 264-269.

于保华. 2009. 高水压松散含水层下采煤关键层复合破断致灾机制研究. 北京: 中国矿业大学博士学位论文.

于小鸽. 2011. 采场损伤底板破坏深度研究. 青岛: 山东科技大学博士论文.

曾昭钧. 2005. 均匀设计及其应用. 北京: 中国医药科技出版社.

张红日, 张文泉, 温兴林, 等. 2000. 矿井底板采动破坏特征连续观测的工程设计与实践. 矿业研究与开发, 20(4): 1-4.

张杰, 侯忠杰. 2004. 固-液耦合试验材料的研究. 岩石力学与工程学报, 23(18): 3157-3161.

张金才, 刘天泉. 1990. 论煤层底板采动裂隙带的深度及分布特征. 煤炭学报, 15(1): 46-54.

张金才, 王建学. 2006. 岩体应力与渗流的耦合及其工程应用. 岩石力学与工程学报, 25(10): 1981-1989.

张金才, 张玉卓, 刘天泉. 1997. 岩体渗流与煤层底板突水. 北京: 地质出版社.

张金才. 1998. 采动岩体破坏与渗流特征研究. 北京: 煤炭科学研究总院博士学位论文.

张黎明, 王在泉, 孙辉, 等. 2009. 岩石卸荷破坏的变形特征及本构模型. 煤炭学报, 34(12): 1626-1630.

张农, 许兴亮, 李桂臣. 2009. 巷道围岩裂隙演化规律及渗流灾害控制. 岩石力学与工程学报, 28(2): 330-335.

张文泉, 刘伟韬, 王振业. 1997. 煤矿底板突水灾害地下三维空间分布特征. 中国地质灾害与防治学报, 8(1): 39-45.

张文泉, 刘伟韬, 张红日, 等. 1998. 煤层底板岩层阻水能力及其影响因素的研究. 岩土力学, 19(4): 31-35.

张文泉, 刘伟韬. 2000. 矿井水害防治专家系统. 计算机工程, 26(5): 83-102.

张文志, 李兴高. 2001. 底板破坏型突水的力学模型. 矿山压力与顶板管理, (4): 100-103.

张希诚, 施龙青, 季良军. 1998. 曹庄井田深部防治水工作研究. 焦作工学院学报, 17(6): 438-441.

张勇, 庞义辉. 2010. 基于应力-渗流耦合理论的突水力学模型. 中国矿业大学学报, 39(5): 659-664.

张玉卓, 张金才. 1997. 裂隙岩体渗流与应力耦合的试验研究. 岩土力学, 18(4): 59-62.

赵保太, 林柏泉, 林传兵. 2007. 三软不稳定煤层覆岩裂隙演化规律实验. 采矿与安全工程学报, 24(2): 199-202.

赵启峰, 孟祥瑞, 刘庆林. 2008. 采动过程中底板岩层变形破坏与损伤机理分析. 煤矿安全, 39(4): 12-16.

赵铁锤. 2006. 华北地区奥灰水综合防治技术. 北京: 煤炭工业出版社.

赵延林. 2009. 裂隙岩体渗流-损伤-断裂耦合理论及应用研究. 长沙: 中南大学博士学位论文.

赵阳升, 胡耀青. 2004. 承压水上采煤理论与技术. 北京: 煤炭工业出版社.

赵阳升, 杨栋, 郑少河, 等. 1999. 三维应力作用下岩石裂缝水渗流物性规律的实验研究. 中国科学, 29(1): 82-86.

郑少河, 朱维申, 王书法. 2000. 承压水采煤的流固耦合问题研究. 岩石力学与工程学报, 19(7): 421-424.

中国科学院地质所. 1992. 中国煤矿岩溶水突水机理的研究. 北京: 科学出版社.

中国生, 江文武, 徐国元. 2007. 底板突水的突变理论预测. 辽宁工程技术大学学报, 26(2): 216-218.

周冬磊, 王连国, 黄继辉, 等. 2011. 裂隙岩体应力渗流耦合规律及对底板隔水性能研究. 金属矿石, (11): 53-57.

周钢, 李世平, 张晓龙. 1997. 微山湖下断层煤柱留设与开采技术的模拟试验. 煤炭科学技术, 25(5): 13-16.

周辉, 翟德元, 王泳嘉. 1999. 薄隔水层井筒底板突水的突变模型. 中国安全科学学报, 9(3): 44-48.

周世宁. 1990. 瓦斯在煤层中流动的机理. 煤炭学报, 15(1): 15-24.

周晓敏, 罗晓青, 马成炫, 等. 2012. 高水压基岩下井壁与围岩相互作用的数值与模型试验研究. 中国矿业, 21(S1): 396-399.

朱德仁. 1994. 岩石工程破坏准则. 煤炭学报, 19(1): 15-20.

朱珍德, 孙钧. 1999. 裂隙岩体非稳态渗流场与损伤场耦合分析. 水文地质工程地质, 26(2): 35-42.

淄博矿区局地质测量处. 1980. 采区底板突水力学分析. 煤田地质与勘探, (2): 46-50.

邹成健. 2011. 承压水体上开采底板突水机理分析及其控制技术. 科技信息, (13): 373-374.

Arnone A. 1995. Integration of navier-stokes equations using dual time stepping and a multigrid method. AiaaJoumal, 33(33): 985-990.

Bai M, Elsworth D. 1994. Modeling of subsidence and stress-dependent hydraulic conductivity for intact and fractured porous media. Rock Mechanics & Rock Engineering, 27(4): 209-234.

Brinkman H. 1949. A calculation of the viscous force exerted by flowing fluid on a dense swam of particles. Applied Science Research, 1(1): 27.

Charlez P. 1991. Rock mechanics (II: petroleum applications). Paris: Technical Publisher.

Davis R, Stone H A. 1993. Flow through beds of porous particles. Chemical Engineering Science, 48(23): 3993-4005.

Durlofsky L, Brady J. 1987. Analysis of the Brinkman equation as a model for flow in porous media. Physics of Fluids, 30(30): 3329-3341.

Dyskin A, Germanovich L. 1995. A model of fault propagation in rocks under compression. Rock Mechanics, 54(5): 55-62.

Gudmundsson A. 2000. Fracture dimensions, displacements and uid transport. Journal of Structural Geology, 22(9): 1221-1231.

Indraratna B, Ranjith P, Price J. 2003. Two phase (air and water) flow through rock joins: analytical and experimental study. Journal of Geotechnical and Geoenvironmental Engineering, 129(10): 918-928.

Jakubick A, Franz T. 1993. Vacuum testing of the permeability of the excavation damaged zone. Rock Mechanics and Rock Engineering, 26(2): 165-182.

Jiang Y, Xiao J, Tanabashi Y, et al. 2004. Development of an automated servo-controlled direct shear appar -atus applying a constant normal stiffness condition. International Journal of Rock Mechanics and MiningSciences, 41: 275-286.

Kuscer D. 1991. Hydrological regime of the water inrush into the Kotredez Coal Mine (Slovenia, Yugoslavia). Mine Water and the Environment, 10(1): 93-102.

Mironenko V, Strelsky F. 1993. Hydrogeomechanical problems in mining. Mine Water and the Environment, 12(1): 35-40.

Motyka J, Bosch A. 1985. Karstic phenomena in calcareous-dolomitic rocks and their influence over the inrushes of water in lead-zinc mines in Olkusz region (South of Poland). International Journal of Mine Water, 4(2): 1-12.

Oda M. 1986. An equivalent continuum model for coupled stress and fluid flow analysis in jointed rock masses. Water Research, 13(22): 1845-1856.

Sammarco O. 1986. Spontaneous inrushes of water in underground mines. International Journal of Mine Water, 5(2): 29-42.

Sammarco O. 1988. Inrush prevention in an underground mine. International Journal of Mine Water, 7(4): 43-52.

Santos C, Bieniawski Z. 1989. Floor design in underground coalmines. Rock Mechanics and Rock Engineering, 22(4): 249-271.

Shen B, Stephansson O. 1993. Numerical analysis of mixed mode i and mode ii fracture propagation. International Journal of Rock Mechanics & Mining Sciences & Geomechanics Abstracts, 30(7): 861-867.

Snow D T. 1965. A parallel plate model of fractured permeable media. Berkely: University of California.

Snow D T. 1968. Rock fracture spacing, opening and porosities. J. soil Mech. found Div. proc. amer. soc. civil Engrs, 94.

Snow D T. 1970. The frequency and apertures of fractures in rock. International Journal of Rock Mechanics & Mining Sciences & Geomechanics Abstracts, 7(1): 23-30.

Souley M, Homand F, Pepa S, et al. 2001. Damage-induced permeability changes in granite: A case example at the url in canada. International Journal of Rock Mechanics & Mining Sciences, 38(2): 297-310.

Stephanspoulos G, Tsiveriotis K. 1989. The effect of intraparticle convection on nutrient transport in porous biological pellets. Chemical Engineering Science, 44(9): 2031-2039.

Walsh J B. 1981. Effect of pore pressure and confining pressure on fracture permeability. International Journal of Rock Mechanics & Mining Sciences & Geomechanics Abstracts, 18(5): 429-435.

Wang J, Ge J, Wu Y, et al. 1996. Mechanism on progressive intrusion of pressure water under coal seams into protective aquiclude and its application in prediction of water inrush. Journal of Coal Science & Engineering, 2(2): 9-15.

Wang J, Li J, Gao Z, et al. 1998. Coupling model of two phase flow in a fracture-rock matrix system and its stochastic feature analysis. Journal of Coal Science & Engineering, 4(1): 5-10.

Wang J, Park H. 2002. Fluid permeability of sedimentary rocks in a complete stress -strain process. Engineering Geology, 63(7): 291-300.

Yale D, Lyons S, Qin G. 2000. Coupled geomechanics-fluid flow modeling in petroleum reservoirs: Coupled versus uncoupled response. Rotterdam: Balkema Press.

编 后 记

　　《博士后文库》(以下简称《文库》)是汇集自然科学领域博士后研究人员优秀学术成果的系列丛书。《文库》致力于打造专属于博士后学术创新的旗舰品牌，营造博士后百花齐放的学术氛围，提升博士后优秀成果的学术和社会影响力。

　　《文库》出版资助工作开展以来，得到了全国博士后管委会办公室、中国博士后科学基金会、中国科学院、科学出版社等有关单位领导的大力支持，众多热心博士后事业的专家学者给予积极的建议，工作人员做了大量艰苦细致的工作。在此，我们一并表示感谢！

《博士后文库》编委会